Möller · Ziergehölz- und Pflanzenschnitt in Bildern

Hans Heinrich Möller

Ziergehölz- und Pflanzenschnitt in Bildern
Eine praktische Pflanz- und Pflegeanleitung durchs ganze Jahr

Quelle & Meyer Verlag Wiebelsheim

Impressum

Abbildungsnachweis
Zeichnungen: Christel Adams

Bibliografische Information Der Deutschen Nationalbibliothek
Die Deutsche Nationalbibliothek verzeichnet diese Publikation in der Deutschen Nationalbibliografie; detaillierte bibliografische Daten sind im Internet unter http://dnb.d-nb.de abrufbar.

2., durchgesehene Auflage 2010
© 2009, 2010 by Quelle & Meyer Verlag GmbH & Co., Wiebelsheim
www.verlagsgemeinschaft.com

Das Werk einschließlich aller seiner Teile ist urheberrechtlich geschützt. Jede Verwertung außerhalb der engen Grenzen des Urheberrechtsgesetzes ist ohne Zustimmung des Verlages unzulässig und strafbar. Dies gilt insbesondere für Vervielfältigungen auf fotomechanischem Wege (Fotokopie, Mikrokopie), Übersetzungen, Mikroverfilmungen und die Einspeicherung und Verarbeitung in elektronischen und digitalen Systemen (CD-ROM, DVD, Internet, etc.).

Umschlagbilder: Pflanzenzeichnungen von Chr. Adams. Werkzeugfotos Fa. Bahco, SWISSBRANDS Marketing GmbH.
Satz/DTP: KCS Service GmbH, Buchholz i.d. Nordheide
Druck und Verarbeitung: Media-Print Informationstechnologie GmbH, Paderborn
Printed in Germany/Imprimé en Alemagne

ISBN 978-3-494-01485-2

Inhaltsverzeichnis

1. **Planung der Schnittmaßnahmen** 7
   1.1 Wann ist der beste Zeitpunkt zum Schneiden? 8
   1.2 Die Wachstumsphasen der Pflanzen müssen bei der Auswahl der Pflanzen berücksichtigt werden. .. 8

2. **Das richtige Werkzeug für qualifizierte Schnittmaßnahmen** 9
   2.1 Einsatz verschiedener Gartenscheren 9
   2.2 Verwendung von Sägen und Messern 10
   2.3 Pflege der Schnittwerkzeuge 10

3. **Welche Schnittmethoden gibt es und wie werden sie bei Laubgehölzen angewendet?** 10
   3.1 Der Pflanzschnitt für Ziersträucher und Bäume 10
   3.2 Erziehungs- und Auslichtungsschnitt, Pflege- und Verjüngungsschnitt 12
   3.3 Individuelle Schnittmaßnahmen an besonderen Gehölzen 16
   3.4 Schnittführung 22
   3.5 Wundversorgung 23
   3.6 Schnitt an immergrünen Laubgehölzen 23
   3.7 Schnitt und Pflege an Alpenrosen 24
   3.8 Schnittmaßnahmen an Laubholzhecken 25

4. **Nadelgehölze (Koniferen) benötigen eine besondere Behandlung** 29
   4.1 Ist ein starker Rückschnitt bei Nadelgehölzen möglich? 32

5. **Rosen** 32
   5.1 Was muss der Gartenfreund tun, um dauerhaft Freude an seinen Rosen zu haben? 32
   5.2 Die Rosen sind, gemessen an ihren Eigenschaften, in verschiedene Gruppen unterteilt 34

6. **Schling- und Kletterpflanzen** 38

7. **Schnitt von bodendeckenden Gehölzen** 41

8. **Heidepflanzen** 41

9. **Pflege von Formgehölzen** 42

10. **Pflege von Stauden** 43
    10.1 Winterschutz bei Stauden 44

11. **Häufige Schnittfehler an Gehölzen** 45

12. **Nachbarrecht, Naturschutz und Baumschutzsatzung** 46

13. **Schnittkalender und Register nach deutschen Artnamen** 47

14. **Glossar der wichtigsten Fachtermini** 65

Vorwort

Alle Gehölze im Garten und in der freien Landschaft entwickeln sich meist nach ihren durch Gattung, Art und Sorte vorgegebenen Wuchseigenschaften. An kaum einem Standort kann man die Pflanzen sich selbst überlassen, es sind fast immer Korrekturen durch Schnittmaßnahmen durchzuführen. Eine alte Gärtnerweisheit sagt: „Willst du ein Gehölz erhalten, muss das Werkzeug sachte walten." Sachverstand und Augenmaß gehören zu den Erfordernissen für ein fachgerechtes Handeln. Durch richtige Schnittmaßnahmen sollen Folgeschäden an den wertvollen und oft den Garten prägenden Pflanzen vermieden werden.

Anschauliche und leicht umzusetzende Anleitungen sollen das Verständnis für die erforderlichen Arbeiten stärken. Da kein Jahr wie das Andere ist, sollten durchgeführte Schnittmaßnahmen in einer Tabelle dokumentiert werden, die am Ende dieses kleinen Buches zu finden ist. Mit der Erläuterung der wichtigen und regelmäßigen Pflegemaßnahmen möchte der Autor die Freude am Garten und das Verständnis für die schönen und wertvollen Pflanzen stärken. Sachkundige Pflege und Behandlung von Gehölzen ist ein Beitrag zum Umweltschutz.

Hans Heinrich Möller

> Hinweis zur Nutzung:
> Die in den Abbildungen in grüner Farbe gedruckten Pflanzenteile sollen beim Schnitt entfernt werden.

1. Planung der Schnittmaßnahmen

Zunächst wird sich der Gartenfreund fragen, ob die Ziergehölze in seinem Garten überhaupt geschnitten werden müssen, oder ob man auch ohne Schere und Säge auskommen kann. Es gibt sicher eine Reihe von Pflanzen, die ohne, oder mit wenigen Eingriffen zurechtkommen.

Zu den Ziergehölzen zählen nicht nur laubabwerfende oder immergrüne, mehrtriebige Sträucher, sondern auch baumartige Gehölze mit Stamm und Krone. Weiterhin nehmen Nadelgehölze, auch Koniferen genannt, einen gewissen Anteil im Garten und in der freien Natur ein.

Um einen richtigen Pflanz- und Pflegeschnitt durchführen zu können, sind gute Pflanzenkenntnisse erforderlich. Dazu ist die Kenntnis vom Habitus der Pflanze und des Wuchs- und Blühverhaltens sehr wichtig. Ist das eigene Fachwissen nicht ausreichend, sollte ein Fachmann befragt werden. Kauft man seine Pflanzen in einer gut sortierten Baumschule oder in einem qualifizierten Gartenfachmarkt, wird bei Bedarf sicher eine ausführliche Beratung erfolgen.

Heute sind fast alle Gehölze mit Bildetiketten versehen. Auf der Vorderseite ist die Pflanze in ihrer Wuchsform mit Blüten oder Blattfärbungen abgebildet, auf der Rückseite stehen Informationen über Wuchshöhe, Blüte, Blütezeit und eventuelle Pflegemaßnahmen. Diese Kurzbeschreibung hilft für den Anfang schon, weitere Informationen sollten aus qualifizierten Fachbüchern entnommen werden. Im Buchhandel sind gute Bücher mit hervorragenden Pflanzenbeschreibungen erhältlich. So kann sich der Gartenliebhaber in der für den Garten ruhigeren Zeit rechtzeitig mit den Besonderheiten seiner Gartenpflanzen vertraut machen und die erforderlichen Schnittmaßnahmen planen.

Dieses Gehölz ist über mehrere Jahre nicht geschnitten worden. Es benötigt unbedingt einen Auslichtungsschnitt.

Fachgerechter Schnitt verhilft zu kompakten, stabilen und vitalen Pflanzen. Verjüngte Pflanzen haben ein besseres Blühverhalten und sind oft widerstandsfähiger gegen Erkrankungen.

Der beste Schnittzeitpunkt

1.1 Wann ist der beste Zeitpunkt zum Schneiden?

In der Vegetationszeit ist die Wundheilung am besten. Leider entfernt man in dieser Zeit häufig Blütenknospen, die noch nicht voll ausgebildet und dadurch schlecht zu erkennen sind. Bei **Flieder** (*Syringa*) und **Rhododendron** muss Abgeblühtes unmittelbar entfernt werden, da sonst die ganze Kraft in die Fruchtstände geht und der Durchtrieb sowie der Ansatz von Blütenknospen für das folgende Jahr geringer ausfällt.

Bei **Rhododendron** wird der abgeblühte Blütenstand mit einer leichten Drehbewegung heraus gebrochen, während bei **Flieder** (*Syringa*) die abgewelkte Blüte mit einer scharfen Schere abgeschnitten wird.

Einige früh blühende Gehölze kann man durch einen vorsichtigen Schnitt nach der ersten Blüte oft zu einer zweiten Blühphase reizen.

Somit fallen die Schnittarbeiten sinnvollerweise in die Monate von Januar bis April. In dieser Zeit, in der die meisten Pflanzen kein Laub haben, kann man den Aufbau der Pflanzen besser beurteilen. Die Entscheidung, welche Äste und Zweige entfernt werden müssen, fällt dann leichter. Allerdings sollte der Schnitt nicht bei Minustemperaturen erfolgen, da das gefrorene Holz leicht splittert und die Wunden schlecht heilen und dadurch Pilzinfektionen entstehen können.

Nach einem milden Winter setzt der Saftstrom schon zeitig ein. Dann kann bei Schnittarbeiten im März schon Saft an den frischen Wunden austreten, der oft tagelang heraustropft. Im Volksmund wird dieser Vorgang ‚Bluten' genannt. Daher sollten speziell **Walnuss** (*Juglans*), **Ahorn** (*Acer*) und **Birke** (*Betula*) schon im Dezember bis Februar geschnitten werden.

Da die Schnittmaßnahmen und Schnittzeitpunkte bei der Vielfalt der Gartengehölze sehr unterschiedlich sein können, wird an späterer Stelle detaillierter darauf eingegangen.

Oft herrscht die Meinung vor, regelmäßiger Schnitt hält die Sträucher klein. Gerade im öffentlichen Grün und von Nichtfachleuten werden Ziersträucher und Wildsträucher bis zur Unkenntlichkeit verstümmelt. Die Triebe werden häufig mit der Heckenschere rigoros abgeschnitten, wonach die Pflanzen wie Bubiköpfe aussehen und dann eine gepflegte Grünanlage verschandeln. Die dann entstehenden Jungtriebe wachsen umso kräftiger und werden im Sommer meist noch einmal gestutzt. So ist ein wahrer Teufelskreis entstanden. Zudem entwickeln viele Blütensträucher ihre Blüten, den eigentlichen Schmuck der Pflanze, erst am mehrjährigen Holz. Demzufolge erzielt man durch diese unqualifizierte Schnittmethode nie den gewünschten Blütenflor, geschweige denn einen zierenden Fruchtbehang.

1.2 Die Wachstumsphasen der Pflanzen müssen bei deren Auswahl berücksichtigt werden.

In den Genen jeder Pflanze sind entsprechende Erbanlagen vorhanden, die das Wachstum bestimmen. Verwendet eine Pflanze anfangs ihre Kraft überwiegend für das Längenwachstum, beginnt nach einigen Jahren die so genannte generative Phase. Das bedeutet, dass die Pflanze ihr starkes Längenwachstum einschränkt und sich entsprechend verzweigt. Hier beginnt dann verstärkt die Blütenbildung mit dem damit verbundenen Frucht- und Samenansatz.

Bei der Auswahl der Gehölze ist es daher unumgänglich, deren Endhöhe einzuplanen, um auch später die Schönheit der Pflanzen genießen zu können.

Häufig dienen Bäume und Sträucher im Sommer als Nistplätze für unsere heimischen Vögel. Diese würden bei sommerlichen Schnittaktivitäten in ihrem Brutgeschäft gestört werden.

Ein Zierstrauch lässt sich nicht hemmungslos auf eine bestimmte Höhe trimmen, ohne dass eine völlig unnatürliche Wuchsform entstehen würde.

2. Das richtige Werkzeug für qualifizierte Schnittmaßnahmen

Das Angebot an Gartenwerkzeugen ist schier unübersehbar. Es gibt Geräte und Werkzeuge in allen Preisklassen, von der billigen Qualität im Supermark bis hin zu teuren und hochwertigen Geräten im Fachhandel.
Gerade für saubere Schneidearbeiten sollten hochwertige Werkzeuge gekauft werden.
Die Auswahl ist hier sehr groß.

2.1 Einsatz verschiedener Gartenscheren

Bevorzugt sollten Bypassscheren eingesetzt werden, da diese eine Gegenklinge haben und einen glatten, ziehenden Schnitt erzielen. Ambossscheren eignen sich weniger für verholzte Triebe, da es leicht zu Quetschungen am Holz kommt.

Im Gartenbau wird überwiegend die Schere Felco 2 für die allgemeinen Schneidearbeiten eingesetzt. Dieses Werkzeug liegt sehr gut in der Hand und hat eine ausgezeichnete Hebelwirkung. Das Modell Felco 7 ist mit einem Rollgriff ausgestattet und schont besonders die Handgelenke. Was sehr wichtig ist, einige Scheren gibt es auch für Linkshänder. Alle Teile sind auswechselbar und können ohne großen Aufwand ausgetauscht werden.

Ein ähnliches Programm wird auch über den Fachhandel von der Firma BAHCO angeboten.

Bei der Benutzung von Scheren sollte übermäßiger Kontakt mit Erde vermieden werden, da die Klingen sonst sehr schnell stumpf werden. Speziell für den Rückschnitt von Stauden, wo die Schere häufig mit Sand und Erde in Berührung kommt, können einfache und preiswerte Werkzeuge eingesetzt werden, die eine kürzere Lebensdauer haben. Diese Geräte sollten auch nur für Arbeiten im Schmutz genommen werden. In jedem Fall sollten zwei Gartenscheren vorhanden sein; eine qualitativ

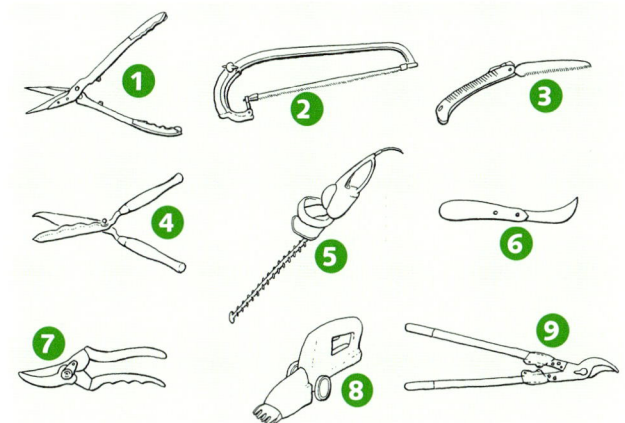

1. Formierschere, 2. Bügelsäge, 3. Schwertsäge, 4. Heckenschere, 5. elektrische Heckenschere, 6. Kopulierhippe, 7. Gartenschere, 8. Akku-Trimmschere, 9. Astschere.

hochwertige für den exakten Schnitt und eine preiswerte für einfachere Arbeiten.

Stärkere Äste bis max. 5 cm Durchmesser können mit Astscheren geschnitten werden. Hier gelten die gleichen Grundsätze wie bei Gartenscheren und die Bypasschere ist aus oben genannten Gründen wieder der Amboschere vorzuziehen.

Für den jährlichen Heckenschnitt gibt es ebenfalls verschiedene Geräte. Bei entsprechend großen und langen Hecken lohnt sich eine elektrisch betriebene Schere. Bei diesen Heckenscheren sollten Ober- und Untermesser geschliffen und angetrieben sein, auch müssen die Messer nachschleifbar sein.

Sonst kommt der Gartenbesitzer auch mit einer handbetriebenen Heckenschere aus. Die Klingen sollten aus gehärtetem Stahl bestehen und einfach zu schleifen sein.

Zur Pflege von Formgehölzen gibt es entsprechende Formierscheren, diese haben kurze, besonders scharfe Klingen. Mit diesen Geräten lassen sich auch sehr gut weiche Triebe wie

Schnittmethoden

Die Klingen der Scheren und Messer sollten immer im Nassschliffverfahren mit einem Abziehstein geschärft werden, niemals mit einer Schmirgelscheibe, da diese in kurzer Zeit die Klinge zerstört. Ferner darf nie die Gegenklinge geschärft werden, da sonst der Schnitt nicht mehr passgenau geführt wird.

Ziersträucher und Bäume werden vom Fachhandel mit und ohne Ballen im Herbst und Frühjahr angeboten. Pflanzen in Containern können, bis auf Frostperioden, das ganze Jahr über gepflanzt werden.

die von **Buchsbaum** (*Buxus* in Sorten), **Lebensbaum** (*Thuja* in Sorten), **Scheinzypressen** (*Chamaecyparis* in Sorten), **Eiben** (*Taxus* in Sorten) und **Wacholder** (*Juniperus* in Sorten), ohne zu quetschen, schneiden.

Alle handbetriebenen Scheren sollten mit Anschlagsdämpfern versehen sein, so werden Hände und Gelenke geschont.

Weiter gibt es für kleine und weiche Pflanzen Akku betriebene Scheren, die in der Arbeitsweise elektrischen Heckenscheren ähnlich sind. Die Betriebsdauer ist allerdings meist recht kurz, weshalb Ersatzakkus benötigt werden.

Bei höheren Pflanzen, die noch ohne Leiter zu erreichen sind, können Teleskopstiele bis etwa 5 Meter eingesetzt werden. Auf diese Systeme lassen sich durch Seilzug betätigte Scheren oder auch Astsägen aufstecken.

2.2 Verwendung von Sägen und Messern

Aststärken über 5 cm Durchmesser werden in jedem Fall mit der Säge entfernt. Die Sägeblätter müssen eine grobe Zahnung haben, damit die Späne nicht das Blatt verstopfen.

Hier werden verschiedene Fabrikate angeboten, die teilweise ein klappbares und auswechselbares Sägeblatt aufweisen.

Zur Ergänzung der Werkzeuge sollte ein scharfes Messer vorhanden sein. Hier eignet sich besonders eine Kopulierhippe. Damit können nicht ganz glatte Sägeschnitte nachgearbeitet werden. Ferner können damit auch Veredlungsarten wie Kopulationen und Pfropfungen ausgeführt werden. Möchte man im Sommer Augenveredelungen (Okulationen) durchführen, ist hierfür noch ein Okuliermesser erforderlich.

2.3 Pflege der Schnittwerkzeuge

Weil durch Schneidearbeiten auch Krankheitskeime übertragen werden können, ist eine regelmäßige Reinigung der Schneidewerkzeuge notwendig. Regelmäßig mit Spiritus gereinigte Werkzeuge reduzieren den Infektionsdruck erheblich.

3. Welche Schnittmethoden gibt es und wie werden sie bei Laubgehölzen angewendet?

3.1 Der Pflanzschnitt für Ziersträucher und Bäume

Beim Einkauf von Ziersträuchern ohne Ballen oder Containern sollte auf ein kräftiges und gut verzweigtes Wurzelwerk geachtet werden. Sträucher müssen mindestens 3 bis 4 kräftige und gut ausgereifte Triebe haben. Die Wurzeln von Bäumen sollten die gleichen Voraussetzungen haben. Der Stamm muss gerade und frei von Beschädigungen sein.

Containerpflanzen

Containerpflanzen sind in Gefäßen gezogene Pflanzen, die in fast allen Größen und Qualitäten angeboten werden. Standardgrößen bei Ziergehölzen, Heckenpflanzen, Rosen, Koniferen und Bodendeckern sind in Töpfen von 1,5 bis 5 Litern Inhalt kultiviert. Es gibt natürlich auch Solitärpflanzen und Bäume für Einzelstellung im Container mit Erdinhalten von 5 bis zu 1500 Litern.

Bei Containerpflanzen ist auf einen gut durchwurzelten Ballen zu achten, allerdings dürfen die Wurzeln nicht verfilzt sein. Die Triebe sollten kräftig und gut entwickelt sein.

Durch die meist runde Form der Gefäße kann es zur Bildung von Ringelwurzeln kommen. Damit die Wurzeln besser aus dem Wurzelballen herauswachsen, werden diese an 4 bis 6 Stellen mit einem scharfen Messer oder einer Schere von unten nach oben durchtrennt.

Alle Pflanzenteile, die sich oberhalb der Erde befinden, werden wie Sträucher, Bäume oder Heckenpflanzen ohne Ballen geschnitten.

Pflanzschnitt

Bei Containerpflanzen müssen verfilzte Ringelwurzeln an mehreren Stellen durchtrennt werden, damit die Wurzeln aus dem Ballen herauswachsen.

Wurzelnackte Pflanzen

Wurzelnackte Pflanzen benötigen einen dem Volumen und Habitus der Pflanze angepassten Wurzelschnitt. Bei der Rodung von Sträuchern und Bäumen in der Baumschule haben die Pflanzen schon einen Teil ihrer natürlichen Wurzelmenge verloren, daher sollten nur beschädigte und zu lange Wurzeln entfernt werden. Auch hier ist auf einen sauberen und glatten Schnitt zu achten, da zerfaserte Wunden Eintrittspforten für Krankheitserreger sein können. An den sauberen Schnittstellen der Wurzeln bilden sich neue Faserwurzeln. Das Verhältnis von Wurzelvolumen zu oberirdischer Triebmasse muss ausgewogen sein. Bei Ziersträuchern werden die Triebe um ein Drittel bis zur Hälfte eingekürzt. Die Form sollte etwas pyramidal sein, dabei ist in jedem Fall auf die Stellung der Augen zu achten. Die Augen sollten möglichst nach außen zeigen, dadurch wird ein breiter und buschiger Habitus erzielt.

Bei Bäumen wird ähnlich verfahren, hier erfolgt bei Pflanzen ohne Ballen ein behutsamer Wurzelschnitt.

Wurzelvolumen und Trieblänge müssen in einem ausgewogenen Verhältnis zueinander stehen.

Erziehungs-, Auslichtungs-, Pflege-, Verjüngungsschnitt

Pyramidal wachsende Bäume

Bei pyramidal wachsenden Bäumen wie **Pyramiden-Hainbuche** (*Carpinus betulus* 'Fastigiata'), **Pyramiden-Eiche** (*Quercus robur* 'Fastigiata') und **Säulen-Kirsche** (*Prunus serrulata* 'Amanogawa'), wird der Leittrieb der Krone freigestellt und in der Spitze leicht eingekürzt. Nach innen wachsende und zu schwache Triebe werden am Astring entfernt, das verbleibende Kronenholz kürzt man pyramidenförmig ein. Auch hier sind die Außenaugen zu beachten.

Bäume mit kugelförmiger Krone

Auch bei Bäumen mit kugelförmiger Krone, wie **Kugelahorn** (*Acer platanoides* 'Globosum') und **Kugelrobinie** (*Robinia pseudoacacia* 'Umbraculifera'), wird ein Wurzelschnitt durchgeführt. Die Kronentriebe kürzt man alle bis auf 2 bis 3 Augen ein, schwaches Holz wird ganz entfernt. So erhält die Pflanze ihren natürlichen Habitus.

Bodenbedeckende Gehölze

Bodenbedeckende Gehölze werden fast immer in Töpfen geliefert, hier brauchen nur die Triebe um etwa ein Drittel gekürzt werden. Man fasst die Zweige mit der Hand zusammen und trennt diese mit einer scharfen Schere ab.

Pflanzen ohne Ballen werden nach dem Schnitt an den Wurzeln ebenfalls für einige Stunden in einen Wasserbehälter gestellt, damit Feuchtigkeitsverluste ausgeglichen werden können und die Verbindung zum feuchten Gartenboden erleichtert wird. Werden trockene Wurzeln in die Erde gesetzt, nehmen sie schwer Feuchtigkeit an und können unter Umständen selbst in einem feuchten Boden vertrocknen.

Bei allen Neupflanzungen ist zwingend darauf zu achten, dass das Wurzelwerk feucht in den Boden kommt. Deshalb stellt man sie vor der Pflanzung 2–3 Stunden in ein Gefäß mit Wasser. Container- und Balkonpflanzen stellt man so lange ins Wasser, bis keine Blasen mehr aufsteigen.

3.2 Erziehungs- und Auslichtungsschnitt, Pflege- und Verjüngungsschnitt

Um über richtige Schnittmaßnahmen entscheiden zu können, ist es wichtig, das jeweilige Alter der vorhandenen Triebe zu erkennen. Der im Laufe des Sommers gewachsene Trieb wird bis zur Beendigung des Wachstums als diesjährig bezeichnet. Er ist häufig noch nicht verzweigt. Er ist einjährig, wenn die voll entwickelten Triebknospen im nachfolgenden Jahr austreiben und das Seitenholz bilden. Nach Ende dieser zweiten Wachstumsperiode gelten die Triebe bereits als zweijährig, das Seitenholz ist jedoch noch einjährig. Bei **Goldglöckchen** (*Forsythia* in Sorten) sind diese Seitenzweige bereits sehr schönes Blütenholz. Die Entwicklung des blühfähigen Holzes setzt sich über einen gewissen Zeitraum fort, es muss aber immer für nachwachsendes, junges Holz gesorgt werden. Sind Blüten an Zweigen von über 3 Jahren vorhanden, spricht man von mehrjährigem Holz. **Zieräpfel** (*Malus*), **Zierkirschen** (*Prunus*), **Goldregen** (*Laburnum*) und **Zaubernuss** (*Hamamelis*) treiben kurzes Blütenholz aus ihren kräftigen Leitästen. Bei diesen Arten müssen Schneidearbeiten in geringem Umfang durchgeführt werden.

Gehölze erhalten im Laufe der Zeit von selber ihren arteigenen Habitus. Durch den so genannten **Erziehungsschnitt** kann lenkend eingegriffen werden, wodurch dieser Zustand früher erreicht werden kann. Je nach Gattung und Art entwickeln die Pflanzen Triebe, die stark nach innen wachsen. Das ist nicht immer so gewollt, weshalb ein Teil dieser Triebe entfernt werden muss. Außerdem sollte eine Pflanze, die später einen markanten Punkt im Garten darstellt, etwa 3 bis 5 Grundtriebe besitzen. Durch den **Auslichtungsschnitt** werden diese Voraussetzungen schon zu Anfang geschaffen. Gegebenenfalls sollten überzählige Grundtriebe, rechtzeitig von Januar bis März entfernt werden. An den Triebenden eventuell befindliche Nebentriebe sollten entfernt werden, um die Pflanze schlank zu halten.

Gehölze, die ein kräftiges Triebwachstum haben, müssen alle 2 bis 3 Jahre ausgelichtet werden.

Erziehungs-, Auslichtungs-, Pflege-, Verjüngungsschnitt

Erziehungs- und Auslichtungsschnitt

Der Erziehungsschnitt ist besonders bei höher wachsenden Gattungen und Arten wichtig, die eine Einzelstellung im Garten erfüllen.

Hierzu gehören besonders **Kornelkirsche** (*Cornus mas*), **Perückenstrauch** (*Cotinus coggygria* in Sorten) **Goldregen** (*Laburnum* in Sorten), **Zierkirschen** (*Prunus* in Sorten) und **Zieräpfel** (*Malus* in Sorten). Diese Maßnahme braucht nur in den ersten Jahren nach der Pflanzung beachtet zu werden. Dann haben die Gehölze meist ihren gewünschten Habitus erreicht.

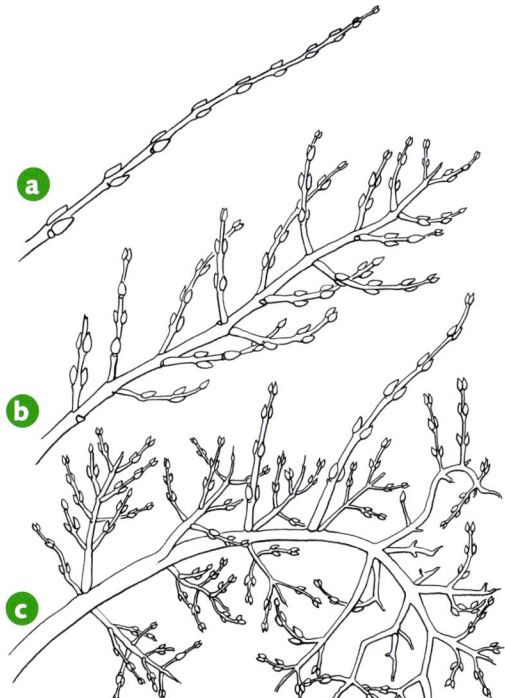

Wichtig ist, das Alter der Triebe zu erkennen!
a) Einjährig verholzter, aber noch nicht verzweigter Trieb.
b) Zweijähriger Trieb mit einjährigem Seitenholz.
c) Mehrjähriger Trieb mit ein- und mehrjährigem Seitenholz.

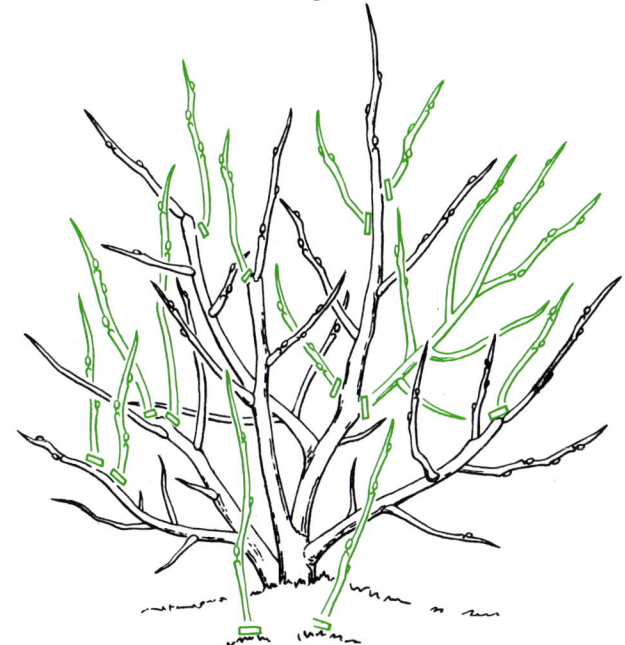

Durch den Erziehungsschnitt soll die später gewünschte Form erreicht werden.

Erziehungs-, Auslichtungs-, Pflege-, Verjüngungsschnitt

Pflege- und Erhaltungsschnitt

Der Pflegeschnitt dient hauptsächlich der Pflege und dem Erhalt.

Regelmäßige Schneidemaßnahmen am voll entwickelten Gehölz werden als Erhaltungsschnitt bezeichnet. Die Häufigkeit ist von der Gattung und auch der Art des Gehölzes abhängig. Das Ziel dieser Arbeit ist es, wüchsige und vitale Pflanzen zu erhalten. So müssen z. B. schwach wachsende Sträucher wie **Spiersträucher** (*Spiraea* in Sorten), **Johanniskraut** (*Hypericum* in Sorten) und **Bartblume** (*Caryopteris* in Sorten) jährlich stark zurück geschnitten werden.

Bei Pflanzen mit einem stabilen Triebgerüst reicht es aus, vergreiste Bodentriebe langfristig durch neue zu ersetzen. Nicht mehr vitale Triebe werden entfernt und junge Grundtriebe übernehmen die Funktion der Leittriebe. Ferner müssen nach innen wachsende Neutriebe beobachtet und notfalls korrigiert werden. Diese Schnittmethode regt eine ständige Erneuerung der Pflanzen an und verhindert vorzeitiges Altern. Derartige Korrekturen brauchen normalerweise nur alle 2 bis 3 Jahre durchgeführt werden.

Verjüngungsschnitt

Wird an Gehölzen kein regelmäßiger Verjüngungsschnitt durchgeführt, vergreisen sie schneller.

Die Neubildung von jungen Trieben reduziert sich mit fortschreitendem Alter stark, wodurch die Blütenbildung nachlässt und die Pflanzen ihre Vitalität verlieren.

Bei Sträuchern mit einem stabilen Gerüst werden alte Grundtriebe bis zum Boden hin entfernt, stark überhängende Zweige nimmt man ebenfalls ab. Eventuell vorhandene Jungtriebe werden an den Pflanzen belassen, da sie dann die Leitfunktion übernehmen. Seitenholz an den Neutrieben wird anfangs entfernt, damit ein neues Gerüst entstehen kann. Im Folgejahr wird entsprechend ausgelichtet, damit die Pflanze wieder ein stabiles Gerüst bekommt.

In den nächsten Jahren muss eine regelmäßige Sichtkontrolle erfolgen und ein Erhaltungsschnitt durchgeführt werden.

So genannte Wild- oder Feldgehölze, die auf größeren Grundstücken häufig als Wind- und Sichtschutz gepflanzt werden, bekommen trotz Erhaltungsschnitt leicht eine zu große Höhe.

Der Pflegeschnitt dient dem Erhalt einer Pflanze. Vergreiste Triebe werden entfernt, junges und vitales Holz wächst nach.

Erziehungs-, Auslichtungs-, Pflege-, Verjüngungsschnitt

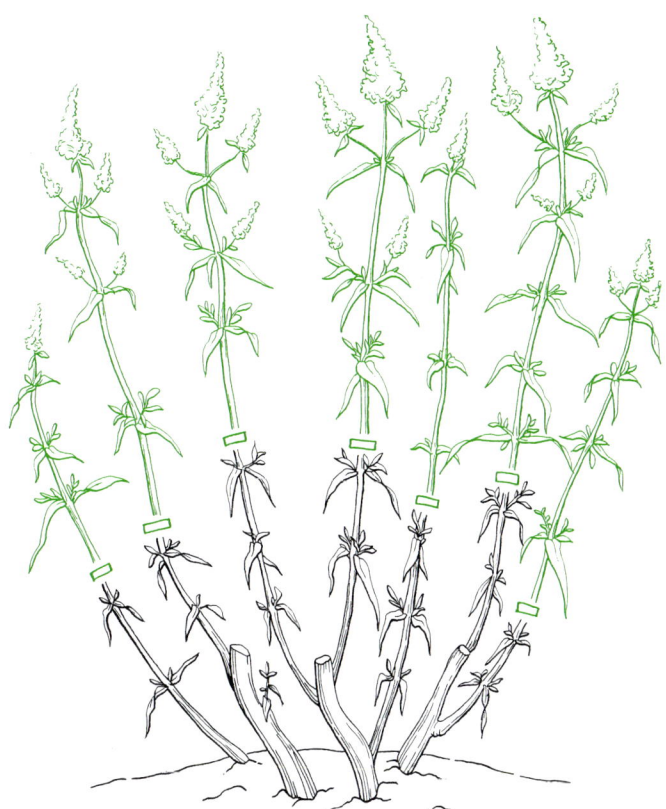

Im März, spätestens im April muss Sommerflieder kräftig geschnitten werden. Wenig geschnittene Pflanzen vergreisen schnell.

Ist bei Ziersträuchern über mehrere Jahre kein Erhaltungschnitt durchgeführt worden, müssen vergreiste Triebe bis auf den Boden entfernt werden. Vorhandene jüngere Triebe übernehmen dann die Leitfunktion.

Individuelle Schnittmaßnahmen

Wildsträucher können alle 5 bis 7 Jahre radikal zurück geschnitten, „auf den Stock" gesetzt werden.

Wildsträucher können durchaus alle 5 bis 7 Jahre bis kurz über dem Erdboden zurückgenommen (auf den Stock gesetzt) werden.

Zu diesen Arten gehören **Haselnuss** (*Corylus avellana*), **Schlehe** (*Prunus spinosa*), **Holunder** (*Sambucus nigra*), **Faulbaum** (*Rhamnus frangula,* Syn: *Frangula alnus*), **Roter Hartriegel** (*Cornus sanguinea*), **Frühe Traubenkirsche** (*Prunus padus*) und viele Sorten von **Weiden** (*Salix*). Sie treiben zügig wieder aus und haben schon nach 2 bis 3 Jahren wieder eine stattliche Höhe erreicht. Wenn ein völliger Rückschnitt in einem Mal nicht gewünscht ist, kann jedes Jahr ein Teil der Pflanzen heruntergenommen werden. Als Werkzeug wird die Baumsäge eingesetzt, bei sehr kräftigem Holz ist auch der vorsichtige Einsatz einer Kettensäge möglich.

Gehölze, die am diesjährigen Holz blühen, werden bis knapp über dem Erdboden zurück geschnitten. Es werden nur 2 Augen je Trieb an der Pflanze belassen, so entwickeln die Jungtriebe ausreichend Blüten.

3.3 Individuelle Schnittmaßnahmen an besonderen Gehölzen

Strenger Rückschnitt nach der Blüte oder vor dem Austrieb

Einige Blütengehölze zeigen ihre Blütenpracht bereits vor dem Blattaustrieb. Naturgemäß haben sie ihre Blütenknospen bereits im Vorjahr am **einjährigen** Holz ausgebildet. Dazu zählen unter anderem **Mandelbäumchen** (*Prunus triloba*), **Japanische**

Gehölze, die am diesjährigen Holz blühen, werden auf 2 bis 3 Augen über dem Erdboden zurück geschnitten.

Individuelle Schnittmaßnahmen

Mandelbäumchen, Russische Zwergmandel und Hänge-Kätzchen-Weide werden direkt nach der Blüte kurz zurück geschnitten. Bei der buntlaubigen Weide erfolgt der strenge Rückschnitt im Winter vor dem Austrieb.

Wenn die verblühte Hauptblüte bei Sommerflieder herausgeschnitten wird, entwickeln sich die Nebenblüten kräftiger.

Aprikose (*Prunus mume*), **Russische Zwerg-Mandel** (*Prunus tenella*) und die **Hänge–Kätzchen–Weide** (*Salix caprea* 'Pendula'). Hier werden die Kronentriebe unmittelbar nach der Blüte bis auf 2 Augen zurück geschnitten, zu schwaches Holz entfernt man ganz.

Durch diese Maßnahme bildet sich im Laufe des Sommers kräftiges Blütenholz für das Folgejahr. Der starke Rückschnitt reduziert bei *Prunus* den Befall mit Spitzendürre (*Monilia laxa*).

Die **Buntlaubige Weide** (*Salix integra* 'Hakuro Nishiki'), ziert insbesondere durch das interessante bunte Laub. Die Kätzchen sind eher unbedeutend. Damit sich die Pflanze besonders gut darstellt, ist sie überwiegend auf Stämmchen veredelt. Auch diese Sorte muss kurz geschnitten werden, da nur junge und wüchsige Triebe das wunderschöne Laub zeigen.

Wird bei **Sommerflieder** (*Buddleja*) die abgeblühte Hauptblüte entfernt, entwickeln sich die Nebenblüten besser.

Pflanzen aus mediterranen Gebieten

Als Pflanze aus dem Mittelmeerraum haben **Lavendel** (*Lavandula angustifolia* in Sorten), **Rosmarin** (*Rosmarinus officinalis* in Sorten) und noch einige andere Sorten in unsere Gärten Einzug gehalten. Sicher hat es durch die meist milden Winter der letzten Jahre kaum Frostschäden an diesen Pflanzen gegeben. Da die Triebe ihr Laub behalten, ist Sonnenschutz mit Fichten- oder Tannenreisig erforderlich, weil die Pflanzen bei gefrorenem Boden sonst austrocknen. Oft erfüllt der ausgediente Christbaum nach Weihnachten diesen Zweck. Sollte kein Nadelholzreisig vorhanden sein, kann auch Vlies als Winterschutz eingesetzt werden. Keinesfalls sollten Folien genommen werden, da diese keinen Luftaustausch gewährleisten.

In ihrer angestammten Heimat entwickeln sich diese Pflanzen strauchartig, bei uns müssen sie regelmäßig im Frühjahr und Sommer geschnitten werden. Der Frühjahrsschnitt erfolgt,

Bedingung für eine gute Überwinterung von mediterranen Pflanzen ist eine Versorgung mit max. 15 g Volldünger pro m² bis Mitte Juni, damit die Ausreife rechtzeitig erfolgt.

Individuelle Schnittmaßnahmen

wenn die Knospen schwellen, weil erst dann klar zu erkennen ist, ob die Pflanzen Winterschäden erlitten haben. **Lavendel** (*Lavandula angustifolia* in Sorten) wird bis auf etwa 10 bis 15 cm zurück geschnitten, die verbleibenden Zweige sollten allerdings noch Laub haben. Kahle und alte Triebe sind nicht vital und treiben nicht aus und müssen komplett entfernt werden. Unmittelbar nach der Blüte schneidet man die verblühten Blütenstände weg, dabei kann gerne etwas von den Trieben entfernt werden. In einem günstigen Sommer kann bei frühen Sorten durchaus noch eine Nachblüte erfolgen. Ein leicht kugeliger Schnitt verleiht dem Lavendel eine harmonische Form.

Rosmarin (*Rosmarinus officinalis*) wird vorsichtig nach der Blüte geschnitten, es sollte nicht zu viel Triebmasse entfernt werden, da die Pflanzen wieder austreiben und ausreifen können.

Behandlung von Wildtrieben

Eine ganze Reihe von Gehölzen lässt sich nicht generativ vermehren. Sie müssen auf eine passende Unterlage veredelt werden.

Die Unterlagen, auch Wildlinge genannt, sorgen für ein kräftiges und artgerechtes Wachstum und gewährleisten die Standfestigkeit der Edelsorte.

Bei Ziergehölzen werden nachfolgende Gattungen und Arten die als mehrtriebige Sträucher angeboten werden, fast immer am Erdboden veredelt: **Japanischer Ahorn** (*Acer japonicum*), **Zaubernuss** (*Hamamelis*), **Korkenzieher-Hasel** (*Corylus avellana contorta*), **Zierapfel** (*Malus* in Sorten), **Zierkirschen** (*Prunus* in Sorten), **Flieder** (*Syringa*), **Rosen** (*Rosa* in Sorten) und viele **Obstgehölze**.

Obwohl in den Baumschulen sehr darauf geachtet wird, keine schlafenden Augen an der Unterlage zu belassen, kann es vorkommen, dass der Wildling gelegentlich wieder durchtreibt. Erkennen kann man die Wildtriebe daran, dass sie meist im Wurzelbereich erscheinen und anders aussehen als die Edelreiser. Diese Wildtriebe müssen umgehend entfernt werden, wofür man den Wurzelbereich vorsichtig freilegt und die Triebe nach unten von

Lavendel darf erst im Frühjahr in das wüchsige, belaubte Holz geschnitten werden.

Individuelle Schnittmaßnahmen

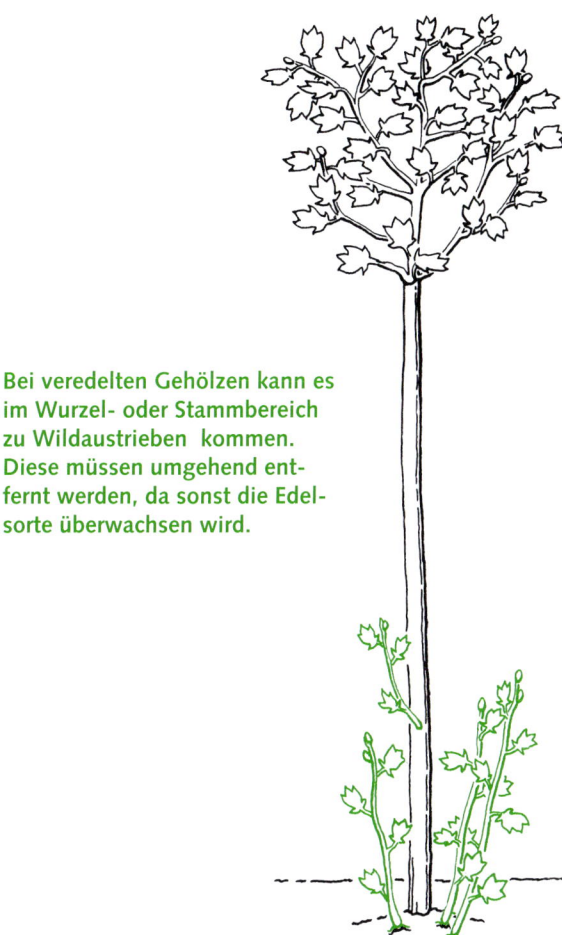

Bei veredelten Gehölzen kann es im Wurzel- oder Stammbereich zu Wildaustrieben kommen. Diese müssen umgehend entfernt werden, da sonst die Edelsorte überwachsen wird.

der Unterlage abreißt. Dabei ist wichtig, dass keine schlafenden Augen an der Unterlage verbleiben; sonst mit einem Messer nacharbeiten. Werden die Wildaustriebe einfach oberirdisch abgeschnitten, treiben sie umso kräftiger aus. Die Folge wäre: Die Unterlage überwächst in kurzer Zeit die Veredelung.

Hortensien

Von dieser Gattung gibt es eine Vielzahl Arten und Sorten, die auch unterschiedliche Pflege verlangen. Alle lieben einen durchlässigen, aber stets feuchten Boden. Besonders während der Blütezeit ist eine ausreichende Wasserversorgung zu gewährleisten, da die weichen Triebe und Blüten sonst welken. Gießwasser darf aber nur in den Wurzelbereich gegeben werden, da es leicht Schäden an Blüten und weichen Blättern geben kann.

Der pH–Wert sollte zwischen 5,0 und 6,0 liegen. **Bauern- und Teller-Hortensien** (*Hydrangea macrophylla* und *H. serrata*) blühen bei saurem (pH < 5,0) Boden in blauen Farbtönen, in kalkhaltigen Böden rosa (pH > 6,0).

Aus alten Gärten in ländlichen Bereichen ist die **Rispen-Hortensie** (*Hydrangea paniculata* 'Grandiflora') allgemein bekannt. Sie blüht im Sommer von Juli bis zum Frost am diesjährigen Trieb. Von dieser Art sind zwischenzeitlich einige sehr gute, neu gezüchtete Sorten im Handel, die zum Teil auch duften. Weiß aufblühend verfärbt sich die kräftige Rispenblüte im Verblühen etwas rosa färbend. Die Behandlung und Pflege ist bei all diesen Sorten gleich. Da Rispenhortensien jedes Jahr stark geschnitten werden müssen, kann die Höhe gut gesteuert werden. Das Gerüst der Pflanze wird auf etwa 70 cm gehalten, dann wird sie incl. des diesjährigen Triebs nicht höher als 1,50 Meter.

Im Frühjahr schneidet man sie bis auf zwei Augen zurück. Vergreiste Bodentriebe werden dadurch rechtzeitig durch junge Grundtriebe ersetzt.

Die großblättrigen **Samt-Hortensien** (*Hydrangea aspera* in Sorten), dürfen nicht geschnitten werden, da die Pflanzen an

Hortensien (*Hydrangea* in Sorten) haben einen hohen Stellenwert in unseren Gärten.

Leider blühen Hortensien in den Gärten oft nur mäßig oder gar nicht. Falscher Schnitt ist meist die Hauptursache, allerdings können auch Spätfröste die Blütenanlagen schädigen. Eine gute Sortenkenntnis ist für die Anwendung der richtigen Schnittmaßnahme entscheidend.

Individuelle Schnittmaßnahmen

Rispenhortensien blühen am diesjährigen Holz. Der Rückschnitt erfolgt auf ein stabiles Gerüst.

diesjährigen Trieben blühen, das mehrjährige Holz jedoch nur unzureichend wieder austreibt. Falls durch Spätfröste Zweige abgestorben sind, müssen diese vorsichtig entfernt werden.

Die Sorten der **Strauch-Hortensie** (Hydrangea arborescens 'Annabelle' und H. arborescens 'Grandiflora') sind weiße, großblumige Ballhortensien, die am diesjährigen Holz blühen und bis zum Boden zurück geschnitten werden sollten.

Bauern- und **Teller-Hortensien** (Hydrangea macrophylla und H. serrata) haben ihre Blütenknospen überwiegend an den einjährigen Langtrieben ausgebildet, allerdings sind auch an kurzen Seitentrieben Blütenansätze vorhanden. Im zeitigen Frühjahr sind die Blütenknospen schon deutlich zu erkennen. Dann werden die vorjährigen Blütenstände kurz über der obersten, gut erkennbaren Blütenknospe, mit einem sauberen Schnitt abgetrennt. Altes, nicht mehr blühfähiges Holz, entfernt man spätestens nach drei bis vier Jahren direkt über dem Boden. Kräftige Jungtriebe bleiben stehen, sie bilden das künftige Blütenholz. Dünne und schwache Grundtriebe werden entfernt, da sie keine ausreichenden Blütenknospen entwickeln.

Eine Besonderheit unter den Gartenhortensien stellt die **Eichenblatt-Hortensie** (Hydrangea quercifolia) dar. Das im Austrieb grüne, sich zum Herbst rötlich färbende und lange haftende Laub, hat die Form von Eichenblättern. Die weißen Rispenblüten erscheinen ab Juni am einjährigen Holz einschließlich deren Nebentriebe. Das Pflanzengerüst muss vital gehalten werden. Dazu werden vergreiste Grundtriebe herausgenommen und durch junges Holz ersetzt. Es dürfen nur die abgeblühten Rispen unter dem Blütenstand entfernt werden, ohne die Augen darunter zu beschädigen.

Die **Kletter-Hortensie** (Hydrangea petiolaris) ist ein universales Talent. Die Pflanzen gedeihen sowohl in der Sonne, als auch im Schatten. Diese Art ist durch die Haftwurzeln als Kletterpflanze an Mauern und Bäumen, aber auch als Bodendecker einsetzbar. Sie benötigt keinen besonderen Schnitt. Sollte die

Individuelle Schnittmaßnahmen

An Bauern- und Teller-Hortensien wird der verblühte Blütenstand direkt über dem obersten Augenpaar abgetrennt. Hier befinden sich meist die Blütenknospen.

Pflanze allerdings zu kräftig werden, kann sie ohne Probleme stark zurück geschnitten werden. Die weißen, tellerförmigen Blüten, sitzen an den vielen einjährigen Kurztrieben, wodurch immer ein reichlicher Flor gewährleistet ist.

Eichenblatt-Hortensien blühen am einjährigen Holz. Alte Blüten nur vorsichtig entfernen; Triebspitzen nicht schneiden.

Schnittführung

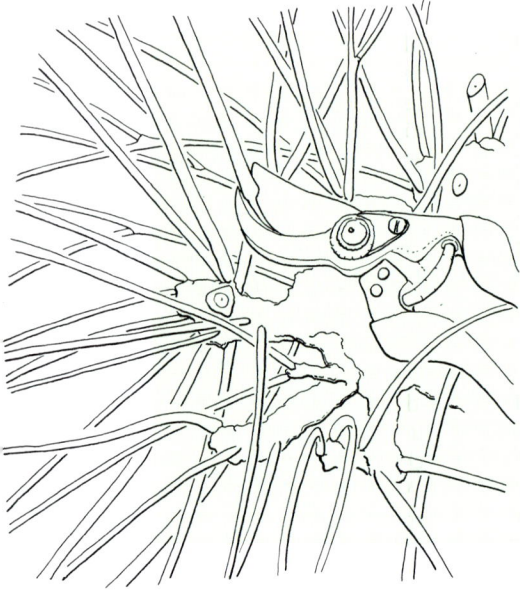

Für eine exakte Schnittführung ist der richtige Halt der Schere wichtig. Für Linkshänder gibt es spezielle Scheren.

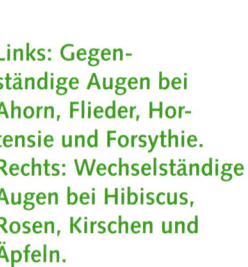
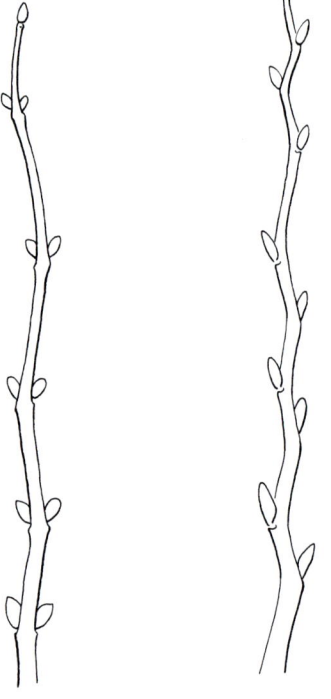

Links: Gegenständige Augen bei Ahorn, Flieder, Hortensie und Forsythie. Rechts: Wechselständige Augen bei Hibiscus, Rosen, Kirschen und Äpfeln.

3.4 Schnittführung

Sauberes Arbeiten ist bei jedem Gehölzschnitt unumgänglich. Oberstes Ziel ist es, dass sich die entstandenen Wunden schnell schließen. Richtige Schnittführung beschleunigt diesen Vorgang, wobei die richtige Handhabung der Werkzeuge entscheidend ist. Wird mit der Schere geschnitten, muss die schneidende Klinge immer am Stamm angesetzt werden, damit ein glatter und sauberer Schnitt entsteht. Der Astring muss stehen bleiben, hier bildet sich dann das Wundgewebe (Kallus) und die Verheilung geht zügig voran. Werden junge Triebe eingekürzt, ist der Stand der Augen zu beachten. Es wird zunächst zwischen wechselständigen und gegenständigen Augen unterschieden. Wechselständige Augen sitzen sich je nach Pflanze im Wechsel mit unterschiedlich großen Abständen gegenüber, z. B. Rosen, Hibiscus, Kirschen und Äpfel. Der Schnitt muss leicht schräge vom Auge weg geführt werden, es darf nur ein etwa ½ cm langes Zweigstück stehen bleiben. Das Auge sollte stets nach außen zeigen, damit die Pflanze breitbuschig bleibt. Wird näher an das Auge herangegangen, kann es leicht eintrocknen, lässt man einen längeren Stumpf stehen, verheilt dieser schlecht und bietet Pilzsporen eine Eintrittspforte.

Gegenständige Augen findet man bei **Ahorn** (*Acer* in allen Sorten), **Forsythie** (*Forsythia*), **Flieder** (*Syringa vulgaris* in Sorten), **Sommerflieder** (*Buddleja* in Sorten), **Hortensien** (*Hydrangea* in Sorten) und vielen anderen Gehölzen. Die Augen sitzen sich direkt gegenüber. Hier wird schräg in einem Abstand von ebenfalls ½ cm parallel zum Augenpaar geschnitten.

Stärkere Äste müssen in jedem Fall abgesägt werden. Um Risswunden an den Stämmen zu vermeiden, wird der zu entfernende Ast etwa 50 bis 60 cm von der geplanten Schnittstelle an der Unterseite maximal bis zur Hälfte angesägt. Anschließend wir der Ast ca. 70 bis 80 cm von der eigentlichen Schnittstelle von oben angesägt, bis er durch das Eigengewicht an der so geschaffenen Sollbruchstelle von selbst abbricht. Dabei bleibt der Stamm unverletzt. Abschließend wird der verbliebene Stummel

Immergrüne Laubgehölze

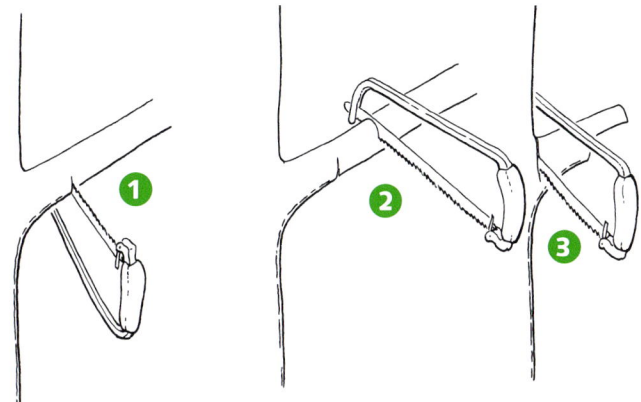

Starke Äste richtig absägen:
1. Von unten ansägen.
2. Von oben absägen.
3. Am Astring sauber nachsägen.

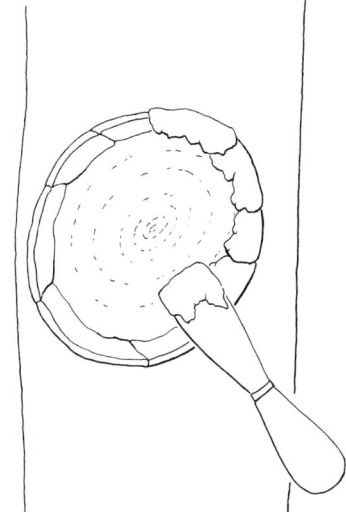

Bei größeren Wunden wird an den Rändern etwa 2 Zentimeter breit Wundverschlussmittel mit einem Pinsel oder Spachtel aufgetragen.

am Astring mit einem schrägen Schnitt sauber abgesägt. Der Stumpf sollte beim Sägen festgehalten werden, damit die Säge nicht klemmt und auf dem Rest kein Bruch im Holz entsteht. Falls die Ränder der Wunden nicht ganz glatt sind, können sie mit einer Hippe nachgearbeitet werden. Der Astring muss in jedem Fall an der Pflanze verbleiben, weil hier Wuchsstoffe eingelagert sind, durch die der Heilungsprozess beschleunigt wird.

Als Regel sollte gelten: möglichst keine große Wunden entstehen lassen, lieber einen Ast einige Jahre früher entfernen!

3.5 Wundversorgung

Der Einsatz von **Wundverschlussmitteln** während des Winters ist nur bedingt erforderlich. Kleine Wunden bis zu 1 cm Durchmesser brauchen bei einem glatten Schnitt nicht behandelt werden, da sie recht schnell verheilen. Größere Verletzungen sollten etwa 2 cm über die Ränder mit einem entsprechenden Mittel eingestrichen werden. Baumwachs, Lac Balsam und Tervanol F werden zur Wundbehandlung eingesetzt. Die Mittel dürfen nur bei trockenem Wetter eingesetzt werden, da sie erst antrocknen müssen, um dauerhaft zu halten.

Wundversorgung ist bei Schnitt im Sommer nicht notwendig. Eine vitale Pflanze hilft sich selber. Die durch den Saftstrom in der Pflanze transportierten Wuchs- und Nährstoffe gelangen schnell an die Wunde, schützen diese vor Pilzinfektionen und beschleunigen den Heilungsprozess.

3.6 Schnitt an immergrünen Laubgehölzen

Bei immergrünen Laubgehölzen entfernt man meist nur abgestorbenes Holz. Wenige Gattungen und Arten vertragen einen kräftigen Schnitt, z. B. **Feuerdorn** (*Pyracantha*), **Immergrüne aufrechte Felsenmispel** (*Cotoneaster watereri* 'Cornubia'), **Immergrüne Teppichmispel** (*Cotoneaster dammeri* 'Skogholm'), **Immergrüne Heckenkirsche** (*Lonicera nitida* in Sorten) sowie **Mahonie** (*Mahonia aquifolium*) in den verschiedenen Sorten. Sollen nur einzelne Triebe herausgeschnitten werden, nimmt man eine Gartenschere, bei flächigem Schnitt kann auch eine Heckenschere eingesetzt werden. Der Schnitt kann zeitlich sehr flexibel von Februar bis Juli durchgeführt werden.

Immergrüne Laubgehölze haben einen besonderen Status in unseren Gärten. Durch ihr dauerhaftes Laub bieten sie einen ganzjährigen Sichtschutz, aber auch Unterschlupf für die gefiederten Gartenbesucher im Winter.

Alpenrosen

Stechpalmen (*Ilex*) in Sorten vertragen einen leichten Rückschnitt. Dieser muss zu Beginn der Vegetationsperiode Ende April durchgeführt werden. Aufrechte Formen werden mit der Gartenschere pyramidal geschnitten, wobei auf die Augen zu achten ist. Breitwachsende Sorten können vorsichtig mit der Heckenschere geschnitten werden. Sorten, die sich besonders für Heckenpflanzung eignen, werden unter der Rubrik 3.8 ‚Schnitt an Laubholzhecken' beschrieben.

3.7 Schnitt und Pflege an Alpenrosen

Alpenrosen (*Rhododendron* in Sorten), sind durch die hohe Anzahl der verschiedenen Arten und Sorten zu unverzichtbaren Elementen in unseren Gärten geworden. Akribisch durchgeführte Züchtungen haben uns ein riesiges Sortiment in verschiedenen Wuchshöhen und Formen mit einem gewaltigen Farbspektrum beschert.

Obwohl viele immergrüne Rhododendren recht langsam wachsen, muss der jährliche Zuwachs bei der Pflanzung berücksichtigt werden. An der Gattung Rhododendron sollte möglichst wenig geschnitten werden. Falls durch Schneedruck oder sonstige Umstände Triebe abgebrochen oder geknickt sind, müssen diese mit einem sauberen Schnitt unterhalb der Bruchstelle im zeitigen Frühjahr abgetrennt werden.

Selbst alte Pflanzen von Rhododendron vertragen einen Verjüngungsschnitt, wenn sie gesund und gut mit Nährstoffen versorgt sind. Die vitalen Triebe dürfen einen Durchmesser von bis zu 3 cm haben. Sie werden mit einer scharfen Säge abgetrennt, dünneres Holz wird mit der Schere abgenommen. Eine Knospenbildung am alten Holz ist nach 3–4 Monaten zu erkennen, der Neuaustrieb beginnt allerdings erst im Folgejahr. Es dauert allerdings mehrere Jahre, bis sich die Pflanze wieder neu aufgebaut hat. Während dieser Zeit muss der Wurzelbereich entsprechend mit Nährstoffen versorgt werden, damit die Pflanze wüchsig bleibt. Keinesfalls sollte nach dem Rückschnitt verpflanzt werden, da die Pflanze die Kraft zum Regenerieren braucht. Um eine kompakte Wuchsform zu erzielen, sollten entsprechend veranlagte Sorten gewählt werden. Ferner ist im Frühjahr das Ausbrechen der abgeblühten Blütenstände bei Rhododendron notwendig. Die Kraft würde sonst in die Samenstände gehen. Diese Arbeit muss sehr sorgfältig ausgeführt werden. Vorgebildete Triebknospen müssen stehen bleiben, da sich hier an jeder Stelle 2–4 Neutriebe entwickeln, die die Blüten für das Folgejahr tragen. Häufig findet man an Pflanzen im Frühjahr braune Blütenknospen vor. Dieses Schadbild wird durch die Rhododendron-Zikade hervorgerufen. Sobald der Schaden erkennbar ist, müssen die befallenen Knospen aus-

Abgeblühte Stutze müssen bei Rhododendron vorsichtig heraus gebrochen werden.

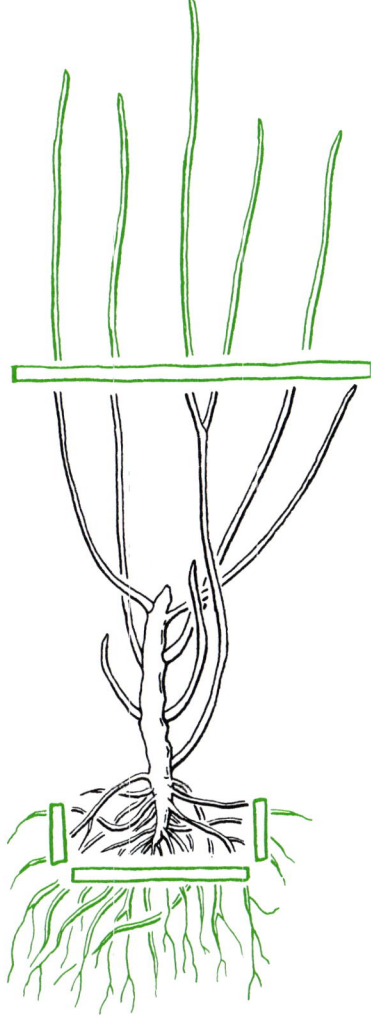

Pflanzschnitt an einer Liguster-Heckenpflanze.

gebrochen und möglichst verbrannt werden, da die Eier des Insekts hier überwintern. Durch die Eiablage in die Knospe erfolgt anschließend eine Pilzinfektion, die nicht zu bekämpfen ist. Es ist daher unbedingt notwendig, die Blattunterseiten ab Ende Mai regelmäßig auf Befall durch die Zikade zu kontrollieren. Da die Zikaden in den kühleren Morgenstunden noch unbeweglich sind, können sie zu dieser Zeit gut mit einem zugelassen Insektizid bekämpft werden. Dabei sind die Blattunterseiten intensiv zu behandeln, da die Parasiten sich dort aufhalten. Die Behandlung muss alle 10 Tage wiederholt werden, um auch die Folgegenerationen zu erfassen. Wenn möglich, sollten die Mittel gewechselt werden, um Resistenzen zu vermeiden.

3.8 Schnittmaßnahmen an Laubholzhecken

Der Gartenbesitzer sollte sich im Vorwege entscheiden, ob eine immergrüne oder laubabwerfende Hecke gewünscht wird. Die Auswahl hat auch großen Einfluss auf die spätere Pflege. Selbst wenn Heckenpflanzen jedes Jahr scharf geschnitten werden, ist ein Zuwachs von 1 cm zu jeder Seite nicht zu vermeiden. Das gilt das sowohl für immergrüne, als auch für laubwerfende Hecken. Dieser Faktor sollte in jedem Fall zur Einhaltung der Grenzabstände bei der Pflanzung bedacht werden.

Die Funktion einer Heckenanlage kann sehr vielfältig sein: Sichtschutz, Grundstücksgrenze, Gliederung verschiedener Gartenelemente sowie Einfassung von Wegen und Beeten.

Vor der Pflanzung wird bei verzweigten Heckenpflanzen wie **Liguster** (*Ligustrum* in Sorten), **Sauerdorn/Berberitze** (*Berberis* in Laub abwerfenden Sorten), **Brautspiere** (*Spiraea arguta*) und vielen noch für Hecken geeigneten Sträuchern etwa ein Drittel der Wurzeln entfernt und die oberirdischen Triebe bis zur Hälfte eingekürzt. Dieses kann mit einer scharfen Heckenschere erfolgen.

Hecken bilden oft den Rahmen unserer Gärten. Sie können aus laubabwerfenden oder immergrünen Laubgehölzen sowie Nadelgehölzen bestehen.

Laubholzhecken

Das Ballenleinen darf keinesfalls entfernt werden, da sonst der Erdballen zerfallen könnte.

Im Gegensatz zu frei wachsenden Wildgehölzhecken müssen formale Hecken regelmäßig geschnitten werden, da sie langfristig einen geschlossenen und dichten Sichtschutz gewährleisten sollen.

Klassische Laubholz Heckenpflanzen sind **Hainbuche** (*Carpinus betulus*), **Rotbuche** (*Fagus sylvatica*) sowie **Blutbuche** (*Fagus sylvatica* 'Purpurea'). Diese Gattungen und Arten sollten ab einer Größe von 125 bis 150 cm wegen des besseren Anwachsens immer mit Ballen gepflanzt werden. Es brauchen dann nur die oberirdischen Triebe geschnitten werden. Man beginnt unten an der Pflanze und kürzt das Seitenholz zur Spitze hin pyramidal mit einer Gartenschere ein. Die Spitze schneidet man erst, nachdem die Hecke gesetzt wurde, dann erzielt man gleich eine einheitliche Höhe.

Wenn die Ballen in dem Pflanzloch stehen, werden nur die Knoten der Ballentücher gelöst, damit keine Einschnürungen an den Stämmen entstehen können.

Bei Verwendung kleinerer Pflanzen dieser Gattungen ohne Ballen sollte nur ein vorsichtiger Wurzelschnitt durchgeführt werden, wobei die oberirdischen Teile wie bei Ballenpflanzen behandelt werden.

Heckenpflanzen im Container werden allgemein wie Containerpflanzen behandelt (siehe Abschnitt 3.1).

Eine frisch gepflanzte Hecke muss im Laufe der Jahre aufgebaut werden. Ist die Pflanze angewachsen und treibt durch, wird mit dem Erziehungsschnitt begonnen. Ein sehr guter Zeitpunkt liegt um den 24. Juni, wenn der so genannte Johannistrieb beginnt. Nach dem Schnitt bildet sich an den Schnittstellen ein Saftstau, wodurch ein erneuter Durchtrieb gefördert wird. Bei dem Aufbau einer Hecke ist die Trapezform zu empfehlen, da somit auch die unteren Bereiche das zum Wachstum erforderliche Sonnenlicht erhalten.

Bei kräftig wachsenden Laubgehölzen, wie Rotbuche (*Fagus sylvatica*), Blutbuche (*Fagus sylvatica* 'Purpurea'), Hainbuche (*Carpinus betulus*), Weißdorn (*Crataegus monogyna*) und Liguster (*Ligustrum* in Sorten), sollte Ende August / Anfang September ein weiteres Mal geschnitten werden, damit die Hecke einen kompakten und dichten Wuchs erreicht und behält.

Trotz strenger Schnittmaßnahmen können Hecken im Laufe der Jahre zu hoch und zu breit werden. Durch einen radikalen

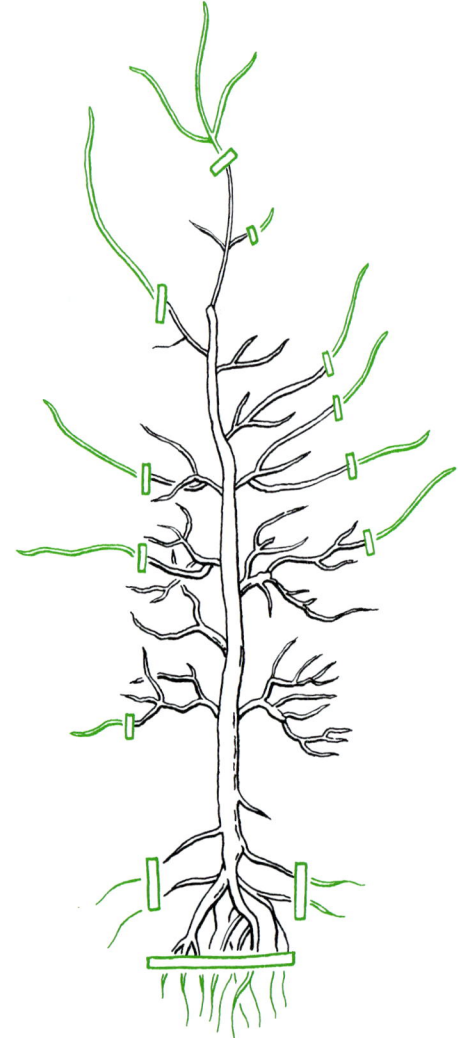

Pyramidaler Pflanzschnitt bei Hainbuche und Rotbuche.

Laubholzhecken

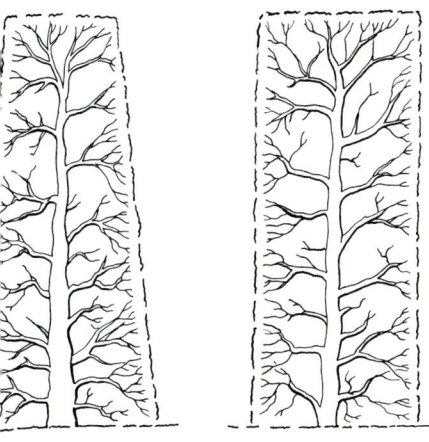

unterschiedlichen Formen bei älteren Hecken.

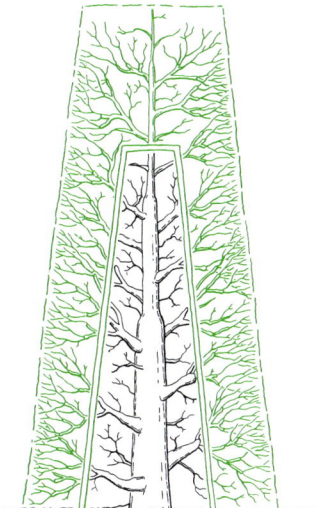

Radikaler Verjüngungsschnitt an einer alten Hecke. Es müssen alle Triebe eingekürzt werden.

Verjüngungsschnitt kann das Volumen der Pflanzen stark reduziert werden. Die im vorigen Absatz genannten Gehölze eignen sich hierzu besonders gut.

Von Januar bis Ende März, es dürfen allerdings während der Schnittmaßnahme keine Minusgrade herrschen, schneidet man die Triebe kräftig zurück. Die Leittriebe können bis auf 1/3 der bisherigen Länge zurückgenommen werden, Seitenäste werden bis auf etwa 20 cm trapezförmig eingekürzt.

Dünneres Holz wird mit der Gartenschere, kräftigeres mit einer Astschere geschnitten. Sind die Triebe zu stark, setzt man eine scharfe Säge ein.

Es müssen in jedem Fall *alle* Haupt- und Seitentriebe geschnitten werden. Durch diese Maßnahme werden die im Holz befindlichen schlafenden Augen aktiviert und zum Austrieb gezwungen. In der zweiten Hälfte des Sommers werden die ersten Neuaustriebe bereits mit einer Heckenschere eingekürzt, um eine gute Verzweigung zu fördern.

Blütenhecken

Der Zierwert vieler Blütenhecken ist sehr hoch, jedoch sind auch hier einige Besonderheiten zu beachten. So blühen die **Braut–Spiere** (*Spiraea x arguta*), **Frühlings–Spiere** (*Spiraea thunbergii*) und **Pracht–Spiere** (*Spiraea x vanhouttei*) am einjährigen Holz. Diese Gehölze werden erst nach der Blüte im Mai geschnitten.

Vom **Fünffingerkraut** (*Potentilla fruticosa*), gibt es auch einige aufrechte Sorten, die sich als Hecken eignen. Die meist gelben Blüten erscheinen von Juni bis Oktober an den Enden vom diesjährigen Holz, weswegen diese Sorten erst im zeitigen Frühjahr geschnitten werden.

Locker wachsende Blütenhecken werden im Winter nur ausgelichtet.

Alle Sommerspieren blühen am diesjährigen Holz. Sie müssen daher im Winter total herunter geschnitten werden, um eine reiche Blütenpracht zu zeigen.

Laubholzhecken

Buchsbaum (Buxus in Sorten)

Der Buchsbaum zählt zu den ältesten Heckenpflanzen. Diese Gattung verfügt über eine große Anzahl von Arten und Sorten, die sich sehr vielseitig einsetzen lassen.

Buxus liebt einen feuchten, aber durchlässigen Boden. Staunässe, aber auch lange Trockenperioden verträgt die Pflanze schlecht. Wegen der guten Schnittfestigkeit wird meist *Buxus sempervirens arborescens* als Einfassung für Wege und Beete verwendet. Auch lassen sich aus dieser Sorte besonders gut Formen und Skulpturen schneiden. Viele alte Schlossgärten bieten mit ihren streng geschnittenen Ornamenten in Verbindung mit Sommerblumen und Rosen bezaubernde Kombinationen.

Der Zeitpunkt für den Schnitt an Buxus sollte nicht zu spät liegen. Der günstigste Zeitpunkt liegt zwischen dem Johannistag (24. Juni) und spätestens Mitte Juli. Nach dem Schnitt muss in jedem Fall noch ein guter Durchtrieb erfolgen. Reifen die jungen Triebe bis zum Winter nicht aus, können leicht Frostschäden entstehen.

Ebenso sollte Buxbaum nur bei bedecktem Wetter geschnitten werden, da extreme Sonneneinstrahlung leicht zu Verbrennungen führen kann. Frisch geschnittene Pflanzen kann man nach dem Schnitt einige Tage mit einem Schattennetz gegen Sonnenbrand schützen.

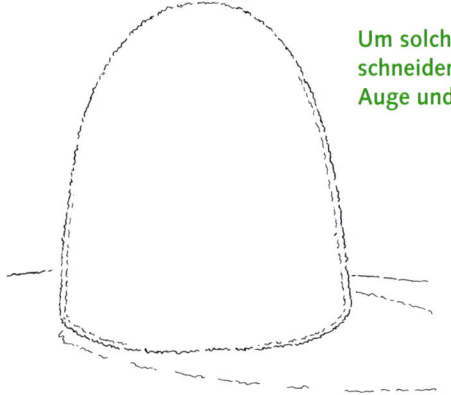

Um solche Formen freihändig zu schneiden, braucht man ein gutes Auge und eine sichere Hand.

Buchsbaum lässt sich hervorragend zu ästhetischen Formen schneiden.

Ältere und große Buxuspflanzen verkahlen leicht, wenn sie nicht regelmäßig geschnitten werden. Mit einem vorsichtigen Verjüngungsschnitt kann Abhilfe geschaffen werden. Im April werden einige dickere ältere Triebe herausgeschnitten, wüchsiges Seitenholz übernimmt dann die neue Leitfunktion. Es muss immer noch genügend junges Blattwerk an der Pflanze bleiben, damit genügend Nährstoffe in den Leitungsbahnen transportiert werden können.

Der Verjüngungsschnitt sollte sich bei größeren Pflanzen über einen Zeitraum von 2 bis 4 Jahren erstrecken, da bei einem zu kräftigen, einmaligen Rückschnitt die Pflanze oft nur unzureichend austreibt.

Baumschulen haben in den letzten Jahrzehnten interessante Neuzüchtung herausgebracht. Besonders langsam und gedrungen wachsend ist *Buxus sempervirens* 'Blauer Heinz'. Diese Sorte ist besonders für niedrige Einfassungen, Flächenbepflanzung und Pflanztröge geeignet, weil sie wenig geschnitten werden braucht und durch das blaugrüne Laub ziert.

Lorbeer-Kirsche (Prunus laurocerasus in Sorten)

Von dieser immergrünen Art, im Volksmund Kirschlorbeer genannt, gibt es einige Sorten, die sich für straffe, lockere Hecken eignen. Sie ergeben einen lockeren und dichten Sichtschutz.

Diese Pflanzen sollten nie formal mit einer Heckenschere geschnitten werden, da die großen Blätter beschädigt werden könnten und dann eintrocknen. Auch können in die Schnittwunden Krankheitskeime eindringen und die Pflanze schädigen.

Durch Verjüngungs- und Auslichtungsschnitt (siehe 3.2) kann die Höhe der Hecke beeinflusst werden. Zu Beginn des Wachstums Ende April können einzelne Bodentriebe mit einer Schwertsäge ganz entfernt werden, einzelne Astpartien werden mit der Gartenschere eingekürzt. Größere Wunden sollten mit einem Wundverschlussmittel behandelt werden, da immergrüne Laubgehölze eine höhere Verdunstung haben und es zu Vertrocknungsschäden kommen kann.

Stechpalme, Hülse (Ilex in Sorten)

Ilex-Hecken haben durch ihr unterschiedliches Laub und teilweise straffen Habitus in jüngster Zeit stark an Bedeutung gewonnen. Gerade die neueren *Ilex meserveae Sorten* bestechen durch ihre hohe Frosthärte bis –30 °C. Durch den aufrechten Wuchs und die Winterhärte haben sich folgende Sorten als Heckenpflanzen bewährt. Weibliche Sorten: **Heckenfee** und **Blue Angel**; männliche Sorten: **Heckenpracht**, **Heckenstar** und **Blue Angel**. Wenn ein kräftiger Fruchtbehang gewünscht wird, können weibliche und männliche Sorten miteinander kombiniert werden. Durch den straffen Wuchs benötigen diese Sorten wenig Formschnitt, das gesunde Laub ist sehr schnittverträglich, es kann sogar bis in das alte Holz geschnitten werden.

4. Nadelgehölze (Koniferen) benötigen eine besondere Behandlung

In jeden Garten gehört auch ein gewisser Anteil Nadelgehölze. Die Zeit, in der Nadelgehölze die Hausgärten dominiert haben ist aber längst vorbei.

Trotzdem haben sie einen ähnlichen Status wie immergrüne Laubgehölze. Die Gattungen **Tanne** (*Abies* in Sorten), **Zeder** (*Cedrus* in Sorten), **Scheinzypresse** (*Chamaecyparis* in Sorten), **Ginkgobaum** (*Ginkgo* biloba), **Wacholder** (*Juniperus* in Sorten), **Lärche** (*Larix* in Sorten), **Urweltmammutbaum** (*Metasequoia glyptostroboides*), **Fichte** (*Picea* in Sorten), **Kiefer** (*Pinus* in Sorten), **Eibe** (*Taxus* in Sorten) und **Lebensbaum** (*Thuja* in Sorten) stellen die bekanntesten Gruppen dar.

Nadelgehölzhecken werden grundsätzlich mit Ballen oder Containern gepflanzt. Bei Pflanzungen ohne Ballen muss mit großen Ausfällen gerechnet werden.

Nadelgehölze benötigen in der Regel frische bis leicht feuchte

Nadelgehölze

und durchlässige Böden, Staunässe und auch Trockenheit können zu Stresssituationen führen.

Bei Koniferen ist die Blüte eher unbedeutend und unscheinbar, der Zapfenschmuck wirkt bei Tanne (Zapfen stehend) und Fichte (Zapfen hängend), Zeder und Kiefer besonders zierend.

Der Gartenbesitzer sollte sich von Anfang an entscheiden, ob er seine Nadelgehölze schneiden möchte. Schnitt ist nicht zwingend notwendig, jedoch bekommen geschnittene Pflanzen einen kompakteren und dichteren Wuchs.

Scheinzypressen (*Chamaecyparis* **in Sorten), Wacholder (***Juniperus* **in Sorten) und Lebensbaum (***Thuja* **in Sorten) eignen sich sehr gut für Heckenpflanzungen aber auch als Solitärgehölze und lassen sich hervorragend schneiden.**

Der günstigste Zeitpunkt für den Schnitt dieser Gattungen und Arten liegt um den 25. Juni, es darf allerdings nicht bis in das alte Holz geschnitten werden, da sonst kein ordentlicher Durchtrieb mehr erfolgt. Aus den jungen und vitalen Zweigen entwickeln sich bis zum Herbst neue Nadeln, die der Pflanze einen kompakten Habitus verschaffen. Möchte man die natürliche, oft leicht überhängende oder auch bizarre Form der Pflanze erhalten, wird auf den Schnitt verzichtet. Allerdings müssen dann im Winter größere Mengen Schnee, besonders wenn er feucht ist, abgeschüttelt werden, damit die Pflanzen nicht vom Schneedruck auseinander brechen.

Breite Wuchsformen können auch durch Schnitt kompakt gehalten werden. Es sind hier dann im Frühjahr die Spitzen herauszunehmen, wodurch der Drang in die Breite eingedämmt wird und die Pflanzen rund und dicht werden. Kugelförmig wachsende Nadelgehölze brauchen nicht geschnitten werden, da sie meist einen sehr geringen Jahreszuwachs haben.

Einige Nadelgehölzgattungen wie Fichte (*Picea***), Tanne (***Abies***) und Douglasie (***Pseudotsuga***) vertragen keinen Schnitt ins mehrjährige Holz.**

Diese Gehölze sind für den Einzelstand gedacht und machen die markanten Elemente in den Gärten aus. Daher sollte ihnen bei der Planung bereits ein entsprechender Platz reserviert bleiben. Sind Schnittmaßnahmen erforderlich, muss rechtzeitig damit begonnen werden. Diesjährige, noch weiche Triebe können im Juni etwa bis zur Hälfte eingekürzt werden, dabei sollten die Nadeln noch nicht voll entfaltet sein. An den Schnittstellen bilden sich meist mehrere Knospen, die im nachfolgenden Jahr austreiben und der Pflanze ein kompaktes Aussehen verschaffen.

Wundbehandlung ist bei Nadelgehölzen nicht notwendig, da der Harzfluss die Wunden selbsttätig verschließt.

Die Berg- oder Krummholz-Kiefer behält selbst bei jährlichem Schnitt eine lockere und unregelmäßige Form.

Nadelgehölze

Keinesfalls darf bei den genannten Gattungen in das alte, mehrjährige Holz geschnitten werden. Triebe, die keine Nadeln mehr haben, treiben nicht wieder aus!

Ältere Pflanzen dieser Gattungen werden im unteren Bereich gelegentlich kahl. Hier hilft nur das sorgfältige Aufasten dieser Zweigpartien. Die Äste werden direkt am Stamm am Astring mit einer Säge entfernt.

Die **Kiefer** (*Pinus* in Sorten) ist eine Pflanze mit vielfältiger Verwendungsmöglichkeit. Breitwachsende Formen wie die **Berg-** oder **Krummholz-Kiefer** (*Pinus mugo* in Sorten) eignen sich sehr gut für kleine Hecken. Diese Arten werden aus Samen vermehrt und variieren durch ihre Genetik in ihrem Wuchs.

Um eine kompakte Hecke zu erzielen, sind Schnittmaßnahmen unbedenklich durchzuführen.

Der günstigste Zeitpunkt ist etwa Anfang Juni, bevor sich die Nadeln entfaltet haben. Die Neuaustriebe, auch Kerzen genannt, werden etwa auf die Hälfte mit der Heckenschere eingekürzt. Dabei kann auch notfalls etwas in das vorjährige Holz geschnitten werden. An den Schnittstellen bilden sich mehrere Knospen, die im nächsten Frühjahr austreiben. Dieser Schnitt muss von Anfang an erfolgen und jährlich wiederholt werden, damit eine dichte und kompakte Hecke entsteht.

Aufrechte Sorten können ebenfalls durch Schnitt bzw. Ausbrechen der Kerzen kompakt gehalten werden. Auch hier werden die Kerzen, bevor sich die Nadeln entfalten, auf die Hälfte eingekürzt. In diesem Zustand sind die Triebe noch sehr weich und können abgebrochen oder mit der Gartenschere geschnitten werden. Allerdings müssen alle Kerzen eingekürzt werden, weil sonst die nicht geschnittenen ungehindert durchtreiben und der Pflanze wiederum einen unnatürlichen Wuchs verschaffen. An den Schnittstellen tritt Harz aus, welches Werkzeuge und Hände verklebt. Diese Rückstände lassen sich sehr gut mit Spiritus entfernen.

Um bei Kiefern einen gedrungenen Wuchs zu erzielen, müssen vor Entfaltung der Nadeln die Kerzen auf die Hälfte eingekürzt werden.

4.1 Ist ein starker Rückschnitt bei Nadelgehölzen möglich?

Nur wenige Nadelgehölze vertragen einen Rückschnitt bis in das alte Holz. Die bekannteste Gattung, bei der das jedoch möglich ist, ist *Taxus* (**Eibe**). Pflanzen dieser Gruppe gehören zu den schnittverträglichsten Nadelgehölzen die es gibt. Sie lassen sich gut bis in das mehrjährige Holz schneiden. Der günstigste Zeitpunkt liegt im März bis April. Dann beginnt das Wachstum und der Saftstrom in der Pflanze zwingt die schlafenden Augen zum Durchtrieb. Je nach Wachstum kann der neue Austrieb bereits Ende Juni erstmals vorsichtig eingekürzt werden. Bis sich eine Eibe nach einem starken Rückschnitt wieder voll entwickelt hat, dauert es 3 bis 4 Jahre.

Neben der Eibe gibt es einige wenige Nadelgehölze, die einen Schnitt in das alte Holz verkraften. Die **Lärche** (*Larix*), auch als Heckenpflanze geeignet, lässt sich scharf schneiden. Als Termine eignen sich der März im kahlen oder auch der Juni im benadelten Zustand.

Von den weniger verbreiteten Gattungen wie **Urweltmammutbaum** (*Metasequoia*), **Sumpfzypresse** (*Taxodium*) und **Sicheltanne** (*Cryptomeria*) lassen sich Seitentriebe im März bis April bis in das mehrjährige Holz zurückschneiden.

Sobald der Gartenbesitzer feststellt, dass seine Koniferen in absehbarer Zeit zu groß werden, sollte rechtzeitig mit einem schonenden Schnitt begonnen werden, wodurch der natürliche Habitus der Pflanzen erhalten bleibt.

Rechtzeitiger Schnitt fördert ein kompaktes Wachstum.

5. Rosen

Die Rose verfügt über eine Geschichte von vielen Millionen Jahren, deren Spuren bis in das Altertum reichen. Aus Asien, Persien und dem Mittelmeerraum ist diese wertvolle Pflanzengruppe im Laufe von Jahrtausenden in ihren Urformen zu uns nach Mittel- und Nordeuropa gelangt. Zufallskreuzungen und späteres züchterisches Können haben uns das jetzige, schier unerschöpfliche Sortiment beschert. Der Verwender kann heute zwischen den unterschiedlichsten Wuchsformen und Blütenfarben wählen. Besonderes Augenmerk wird heute seitens der Züchter auf Blattgesundheit, interessante Blüten in Form und Farbe sowie geringen Pflegeaufwand gerichtet. In 11 Testgärten werden jährlich eine große Anzahl neuer Sorten für 3 Jahre zur Prüfung aufgepflanzt. Ohne Einsatz von Pflanzenschutzmitteln werden die Sorten nach strengen Kriterien getestet. Sorten, die diese hohen Anforderungen erfüllen, erhalten das Prädikat ADR-Rose. Im Internet sind diese Sorten unter www.adr-rose.de aufgeführt und genau beschrieben. Die Liste kann als Entscheidungshilfe für den Einkauf dienen.

5.1 Was muss der Gartenfreund tun, um dauerhaft Freude an seinen Rosen zu haben?

Zunächst ist es wichtig, einen geeigneten Standort im Garten zu finden. Der Ort für ein Rosenbeet sollte sonnig sein aber nicht zu Wärmestau neigen. Eine gute Luftzirkulation ist wichtig, wodurch Pilzinfektionen reduziert werden können. Allerdings sollten Rosen nicht in einer Windschleuse stehen. Sandige Lehmböden oder humose Sandböden mit einer guten Wasserdurchlässigkeit eignen sich besonders für Rosenpflanzungen. Der pH-Wert sollte um 6,0 liegen, saure Böden sind für Rosen nicht geeignet.

Rosen werden heute in verschiedenen Varianten angeboten. Das noch häufigste Angebot besteht aus wurzelnackten Pflanzen ohne Ballen. Ferner werden Pflanzen mit Wurzelverpackung angeboten. Hier sind die Wurzeln durch ein Substrat geschützt. Die Umverpackung kann, sofern sie nicht aus Plastikfolie besteht, mitgepflanzt werden.

Mit stark zunehmender Tendenz gibt es heute Rosen in Containern zu kaufen. Pflanzen dieser Vermarktungsform können bis auf Frostperioden ganzjährig gepflanzt werden.

Standort und Pflege

Wurzelnackte Rosen pflanzt man am besten im Herbst ab Mitte Oktober. Der richtige Pflanzschnitt ist wichtig. Es werden nur beschädigte Wurzeln mit einer scharfen Schere abgetrennt. Lange Wurzelspitzen ab 25 Zentimeter schneidet man leicht an, um die Pflanzen zu neuer Wurzelbildung anzuregen.

Die Triebe werden auf 20 bis 25 cm eingekürzt, dabei wird der Schnitt einen halben Zentimeter über dem Auge schräge davon weggeführt. Bei Kletterrosen werden die Triebe etwa 50 bis 60 cm lang gelassen, weil die Pflanzen etwas schräge von der Hauswand eingesetzt werden und an eine Rankhilfe geleitet werden müssen. Um den Feuchtigkeitsverlust durch Lagerung auszugleichen, werden die geschnittenen Pflanzen für mehrere Stunden in ein Wasserbad gelegt.

Das Pflanzloch wird so groß ausgehoben, dass die Wurzel bequem hinein passt und nicht geknickt wird. Der Bodenaushub kann, wenn vorhanden, mit abgelagertem Stalldung oder reifem Kompost gemischt werden. Das Pflanzloch wird lagenweise verfüllt und gut angetreten. Es ist ganz wichtig, das die Veredlungsstelle etwa 5 cm in der Erde ist, dadurch ist sie vor Austrocknung und Frost geschützt. Abschließend wird die frisch gepflanzte Rose etwa 15 cm mit Erde angehäufelt, wodurch sie vor Wind und Frost geschützt ist. Wenn im Frühling nicht mehr mit starken Frösten zu rechnen ist, kann die Erde vorsichtig von den Trieben entfernt werden und der endgültige Rückschnitt auf 3 bis 4 Augen pro Trieb erfolgen. Eine Gärtnerweisheit besagt: Wenn die Forsythien blühen, ist die günstigste Zeit für den Rosenschnitt.

Bei wurzelverpackten Rosen wird, da die Verpackung meistens mit gepflanzt werden kann, wie bei wurzelnackten Pflanzen verfahren.

Rosen im Container werden meist blühend gepflanzt. Die Gefäße werden vor dem Pflanzen in ein Wasserbad gestellt, bis keine Luftblasen mehr aufsteigen. Das Kulturgefäß wird vorsichtig abgezogen damit der Wurzelballen nicht beschädigt wird. Sollte der Ballen schon stark verfilzt sein, muss er mit einem Messer oder einer Schere angeschnitten werden, damit die Wurzeln sich wieder verzweigen. Das Pflanzloch muss ausreichend groß sein, damit der Wurzelballen bequem hinein passt, auch hier muss die Veredlungsstelle 5 cm in der Erde sein.

Pflanzschnitt bei wurzelnackten Rosen.

5.2 Die Rosen sind, gemessen an ihren Eigenschaften, in verschiedene Gruppen unterteilt

Wildrosen und naturnahe Gartenrosen

Die meisten Wildrosen sind heimisch, oder im Laufe von Jahrhunderten heimisch geworden.

Die gärtnerische Kunst hat durch Kreuzung wertvoller Sorten untereinander eine Vielzahl naturnaher Gartenrosen geschaffen. Da die meisten Wildrosen bereits im Mai bis Juni blühen und einmal blühend sind, liefern sie nur ein anfängliches Angebot an Blütenpollen und Nektar für viele Insektenarten. Viele Zuchtsorten, die bis in den Spätherbst blühen, ergänzen das Nahrungsangebot für Insekten. Da viele Sorten zum Herbst attraktive Hagebutten ansetzen, bieten sie außerdem schmackhaftes Winterfutter für viele gefiederte Gartenbewohner.

Wenn die Forsythien blühen, ist der günstigste Zeitpunkt zum Rosenschnitt.

Wildrosen sind sehr pflegeleicht, sie benötigen einen Pflanzschnitt wie Zier- und Wildsträucher. In den Folgejahren ist kaum Pflege erforderlich, alle 2 bis 3 Jahre kann altes Holz herausgenommen werden, um Platz für junge und blühfähige Triebe zu schaffen. Wird ein Wildrosenstrauch im Laufe der Zeit zu hoch, kann er rigoros bis kurz über den Erdboden zurück geschnitten werden. In kurzer Zeit erfolgt ein kräftiger Durchtrieb. Wildrosen sind wenig anfällig gegen Krankheiten, es bedarf also keines Pflanzenschutzes.

Sie haben einfache bis wenig gefüllte Blüten, die für den ökologischen Kreislauf wichtig sind. Ferner ist die Bestachelung bei einzelnen Arten sehr unterschiedlich, Schutz und Wehrhaftigkeit gegen Einwirkungen von außen werden damit demonstriert.

Beetrosen, Edelrosen, Zwergrosen, Bodendeckerrosen und Kleinstrauchrosen

Nachdem die Rosen uns den ganzen Sommer mit Blüten erfreut haben, werden sie in die Winterruhe entlassen. Im Herbst werden Rosen nur sehr zögerlich geschnitten. Lange und stark überhängende Triebe werden etwas eingekürzt. Die Pflanzen sollten vor dem Winter gut ausgereift sein, große unverheilte Wunden fördern Frostschäden. Hagebutten in den unterschiedlichsten Formen und Farben sind auch im Winter eine Zierde und Nahrung für Vögel. Starke Fröste, Sonne und Wind können Rosen schädigen. Deshalb werden vor Beginn des Winters alle Rosen mit etwa 15 bis 20 cm Erde angehäufelt.

Gegen Austrocknung durch Sonne und Wind schützt eine Abdeckung mit Nadelholzreisig.

Oft erfüllen Zweige des ausgedienten Christbaums nach Weihnachten diesen Zweck. Sollte kein Nadelholzreisig vorhanden sein, kann auch Vlies als Winterschutz eingesetzt werden. Keinesfalls sollten Folien genommen werden, da diese keinen Luftaustausch gewährleisten.

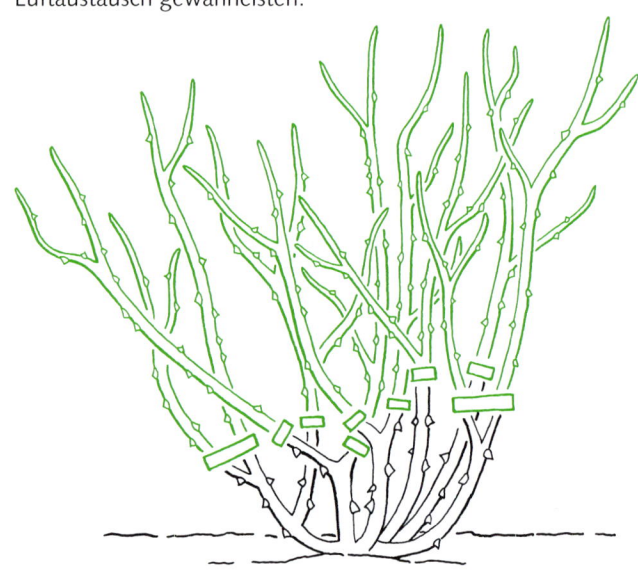

Jährlicher Rückschnitt an Beet-, Edel-, Zwerg-, Bodendecker- und Kleinstrauchrosen.

Der Winterschutz sollte so lange erhalten bleiben, bis nicht mehr mit Frösten zu rechnen ist. Die Erde zwischen den Trieben muss vorsichtig entfernt werden, da sonst leicht Augen zerstört werden. Es kann durchaus etwas Erde zwischen den Pflanzen verbleiben.

Je jünger die Pflanzen sind, desto kürzer können sie zurück geschnitten werden. Pro Grundtrieb sollten 3 bis 4 Augen stehen bleiben. Je tiefer der Schnitt, desto kräftiger sind die Triebe mit reichlichen Blüten.

Werden die Triebe länger gelassen, bilden sich meist mehr Neutriebe, die aber etwas schwächer bleiben.

Der Beginn der Blüte liegt bei diesen Gruppen je nach Sorte und Standort etwa Ende Mai bis Anfang Juni. Edelrosen haben häufig weniger Grundtriebe als andere Gruppen. Hier kann der noch weiche, nicht verholzte Trieb Mitte Mai auf die Hälfte eingekürzt werden. Der Fachmann nennt diesen Vorgang Pinzieren. Dadurch wird eine stärkere Verzweigung erreicht.

Nach Beendigung des ersten Flors müssen die verblühten Einzelblüten oder Dolden mit einer scharfen Gartenschere herausgenommen werden. Es darf nicht direkt unter dem Blütenstand geschnitten werden, da die nächsten Augen nur spärlich austreiben.

Einen halben Zentimeter über dem ersten voll entwickelten Blatt wird die alte Blüte abgetrennt. Die darunter liegenden vitalen Augen treiben dann zügig aus und bescheren noch einen schönen zweiten Flor, der oft bis in den Oktober erfreut.

Wird zu tief geschnitten, dauert der Durchtrieb zu lange und der zweite Flor beginnt zu spät. Zwischendurch ist immer auf Wildtriebe zuachten. Die meisten Sorten sind auf so genannte Wildlinge veredelt, die hin und wieder aus dem Wurzelbereich durchtreiben können. Der Wildtrieb unterscheidet sich deutlich von der veredelten Rose und muss direkt an der Unterlage abgetrennt werden.

Der Übergang von **Kleinstrauchrosen** zu **Bodendeckerrosen** ist fließend, sie werden häufig unter gleichen Bezeichnungen geführt. Diese Klasse ist besonders pflegeleicht. Zwischenzeitlich werden viele Sorten dieser Gruppe auch wurzelecht, d. h. auf eigener Wurzel angeboten. Der Vorteil ist, dass keine Wildtriebe entstehen können. Allerdings haben wurzelechte Rosen häufig ein etwas schwächeres Wurzelvolumen, weshalb anfangs für ausreichende Feuchtigkeit gesorgt werden muss.

Durch den teilweise breitbuschigen und überhängenden Wuchs überwachsen Bodendecker sehr gut Flächen und Mauern. Diese Pflanzen müssen nicht zwingend jedes Jahr geschnitten werden, alle 2 bis 3 Jahre reichen aus. Da die Sorten sehr robust sind, kann der flächige Rückschnitt mit einer elektrischen Heckenschere auf 30 cm Länge erfolgen. Bei kleineren Flächen lohnt sich ein individueller Schnitt mit der Gartenschere, wie bei Beetrosen.

Strauchrosen

Die Endhöhe liegt je nach Sorte zwischen 100 bis 250 cm.

Es wird grundsätzlich zwischen einmal blühenden und öfter blühenden Strauchrosen unterschieden. Entsprechend wichtig ist daher der unterschiedliche Schnitt.

Strauchrosen sind Sorten, die stark und aufrecht bis leicht überhängend wachsen. Sie kommen fast immer ohne Stützgerüst zurecht.

Einmal blühende Strauchrosen werden im Frühjahr nur ausgelichtet; sie blühen am diesjährigen Seitenholz, das an älteren Trieben wächst. Der hauptsächliche Schnitt erfolgt nach der Blüte.

Rosengruppen

Einmal blühende Sorten zeigen ihren kräftigen Flor am diesjährigen jungen Seitenholz, welches sich an ein- und mehrjährigen Trieben entwickelt.

Nach der Pflanzung soll die Pflanze zunächst ihren eigentlichen Habitus entwickeln. Daher werden diese Sorten in den ersten Jahren praktisch nicht oder nur wenig zurück geschnitten. Im Frühjahr werden abgestorbene und zu schwache Triebe herausgenommen. Nach der Blüte können einige ältere Triebe heraus genommen werden, um vitales Holz zu bekommen.

Öfter blühende Sorten bringen ihre Blüten am diesjährigen Holz.

Nach der Pflanzung brauchen diese Sorten die ersten 2 bis 3 Jahre kaum geschnitten werden, bis sie die gewünschte Höhe erreicht haben. Falls erforderlich, wird ein leichter Auslichtungsschnitt durchgeführt. Bei älteren Pflanzen müssen nach etwa 5 Jahren alte Grundtriebe entfernt werden, damit sich junges und gesundes Holz entwickeln kann.

Während des Sommers schneidet man Verblühtes bis auf das nächste kräftige Auge zurück, nach etwa 5 Wochen erscheint erfahrungsgemäß eine schöne Nachblüte.

Kletterrosen und Ramblerrosen

Auch bei dieser Gruppe wird zwischen einmal blühenden und öfter blühenden Sorten unterschieden. Auch hier sind die Schnittmaßnahmen sehr unterschiedlich. Um die richtige Methode anzuwenden, ist die Sortenkenntnis sehr wichtig. Zu-

Öfter blühende Strauchrosen können stärker geschnitten werden; sie blühen am diesjährigen Holz.

Einmal blühende Kletterrosen werden ebenfalls nur ausgelichtet; sie blühen an den diesjährigen Kurztrieben. Der hauptsächliche Schnitt erfolgt im Sommer nach der Blüte.

nächst wir für den gewünschten Pflanzenaufbau gesorgt, die Triebe werden an entsprechende Kletterhilfen gebunden.

Abgestorbenes Holz muss allerdings entfernt werden. Nach der Blüte kann etwas älteres Holz herausgeschnitten werden, um Triebe zu verjüngen.

Öfter blühende Kletterrosen blühen sowohl am diesjährigen als auch an Nebentrieben des mehrjährigen Holzes. Im Frühjahr wird nur leicht ausgelichtet. Junge, lange Triebe bleiben erhalten. Es werden nur die Spitzen gestutzt, Seitenholz wird auf etwa 5 Augen zurück geschnitten. Junge, noch gut biegsame Triebe müssen ständig am Klettergerüst festgebunden werden. Sie sind die Grundlage für neues Blütenholz. Alle 4 bis 5 Jahre werden vergreiste Triebe herausgeschnitten, wozu sie vom Klettergerüst gelöst werden müssen. Wüchsige Triebe werden wieder angebunden. Als Bindematerial wird eine dehnbare Schnur, z.B. eine Hohlschnur genommen, die nicht einschnürt.

Ramblerrosen sind besonders stark wachsende Kletterrosen, die durchaus eine Höhe von bis zu 5 Metern erreichen können. Da die meisten Sorten einmal blühend sind, werden sie wie Kletterrosen geschnitten. Durch ihre langen und biegsamen Triebe kann man diese Sorten sehr gut in lichten Bäumen empor wachsen lassen.

Stammrosen und Kaskadenrosen

Stamm- und Kaskadenrosen werden bei der Pflanzung wie Beetrosen und Kletterrosen geschnitten. Es handelt sich bei Stammrosen um herkömmliche Sorten, die auf verschiedene Stammhöhen veredelt sind. Kaskadenrosen sind auf etwa 140 cm hohe Stämme veredelte Kletterrosen, die wie eine Kaskade wirken.

Das Pflanzloch wird entsprechend groß ausgehoben, damit die Wurzel bequem hinein passt.

Der Stamm entspringt aus dem Wurzelbereich. Dieser so genannte Zapfen bleibt oberhalb der Erde. Bevor Erde in das

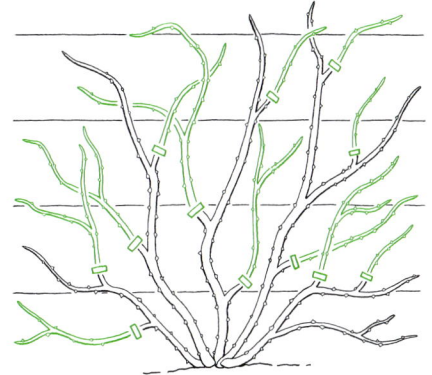

Öfter blühende Kletterrosen vertragen einen kräftigeren Schnitt; auch sie blühen am diesjährigen Holz. Jungtriebe müssen bei allen Kletterrosen an den Kletterhilfen befestigt werden.

Einmal blühende Kletterrosen tragen ihre Blüten nur an Nebentrieben des mehrjährigen Holzes, weshalb sie nicht im Frühjahr geschnitten werden dürfen.

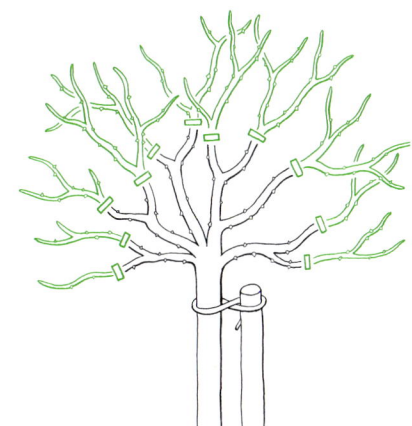

Hochstammrosen werden im Frühjahr möglichst kurz geschnitten.

Kaskadenrosen werden wie Kletter- und Strauchrosen nur ausgelichtet

Pflanzloch gefüllt wird, wird ein entsprechend langer Stützpfahl direkt neben dem Stamm eingeschlagen, der Abstand sollte etwa 5 cm betragen. Der Pfahl sollte etwas in die Krone hineinragen, damit diese zusätzlich gehalten wird. Mit einer flexiblen Schnur werden Stamm und Pfahl zwei- bis dreimal miteinander verbunden. Das Bindematerial sollte regelmäßig kontrolliert und gegebenenfalls erneuert werden.

Im Frühjahr werden die Triebe bei Hochstammrosen wie bei Beet- oder Edelrosen auf 3 bis 4 Augen zurückgenommen. Während des Sommers wird Verblühtes entfernt, um noch einen zweiten Flor zu erreichen. Zur Überwinterung gibt es verschiedene Möglichkeiten. Junge Pflanzen, deren Stämme sich noch biegen lassen, können vorsichtig heruntergelegt werden. Die Krone wird mit Erde bedeckt, so ist sie gegen Frost geschützt, gleichermaßen wird der Wurzelbereich zusätzlich mit Erde geschützt. Der Stamm wird mit Haken am Boden fixiert, damit er nicht zurückfedert. Wichtig ist es, ihn gegen die Wintersonne und Frostschäden zu schützen, wozu er mit Fichtenreisig oder Erde eingepackt wird.

Ältere Rosenstämme sollten nicht mehr heruntergelegt werden, da die Bruchgefahr zu groß ist. Der Wurzelfuß wird angehäufelt und Stamm und Krone mit Fichtenreisig eingepackt. Keinesfalls dürfen Plastikfolien für den Winterschutz benutzt werden. Die Wintersonne erwärmt die Luft unter der Folie, es bildet sich Schwitzwasser und die Augen beginnen zu treiben.

Bei den nächsten Frösten friert das Wasser in den Zellen, diese platzen durch die Ausdehnung des Wassers und die Pflanzen sterben ab.

Kaskadenrosen werden im Frühjahr wie Kletterrosen leicht ausgelichtet. Winterschutz der Pflanzen wird wie bei Hochstammrosen ausgeführt.

6. Schling- und Kletterpflanzen

Zur Begrünung von Mauern, Pergolen, Torbögen und vielen kunstvoll gestalteten Kletterhilfen steht dem Gartenliebhaber eine große Auswahl an geeigneten Gehölzen zur Verfügung. Ob immergrüne, auch im Winter durch Laub zierende oder blühende Pflanzen gewünscht sind, es werden alle Möglichkeiten abgedeckt. Schling- und Kletterpflanzen werden ausschließlich in Töpfen oder Containern angeboten, daher kann fast ganzjährig gepflanzt werden.

Alle Schling- und Kletterpflanzen werden nach der Pflanzung etwa auf die Hälfte zurück geschnitten.

Es gibt Pflanzen die sich um die Kletterhilfen winden, wie **Blauregen** (*Wisteria sinensis*), **Kletterndes Geißblatt** (*Lonicera* in Sorten), **Schling-Knöterich** (*Polygonum aubertii*), **Pfeifenwinde** (*Aristolochia macrophylla*) und **Klettertrompete** (*Campsis* in Sorten). Diese letztere Gattung hat teilweise auch Haftwurzeln. Alle diese Gattungen benötigen eine Kletterhilfe.

Da diese Pflanzen im Alter oft eine stattliche Größe erreichen, müssen die Klettergerüste entsprechend stabil sein.

Pflanzen mit Haftwurzeln und Haftscheiben wie **Efeu** (*Hedera* in Sorten), **Kletterhortensie** (*Hydrangea petiolaris*), **Kriechspindel** (*Euonymus fortunei* in Sorten) und **Wilder Wein** (*Parthenocissus* in Sorten) benötigen keine Kletterhilfen. Sie halten sich mit ihren Haftorganen an fast jedem Untergrund fest. Diese Gattungen und Arten brauchen wenig Pflege, es muss allerdings ständig darauf geachtet werden, dass Fenster, Türen und andere Öffnungen nicht überwachsen werden. Auch dürfen die Triebe nicht in Dachziegel und Mauerritzen hineinwachsen, sie können diese auseinander drücken und langfristig Schäden verursachen. Daher ist es wichtig, die Ranken rechtzeitig während des Sommers zu entfernen.

Blauregen (*Wisteria sinensis*) sollten nur zwei kräftige Grundtriebe als Gerüst haben, die Ranken sind links windend.

In den ersten zwei bis drei Jahren werden die unteren Seitentriebe bis zu einer Höhe von 50 cm entfernt, die darüber liegenden werden bis auf 20 cm eingekürzt. Bis zu zwei Gerüsttriebe werden an der Rankhilfe weitergeführt, bis die gewünschte Länge erreicht ist. Im Sommer werden die langen Seitentriebe etwa acht bis zehn Wochen nach der Blüte bis auf etwa 20 cm eingekürzt, dadurch wird das Wachstum reduziert und die Kraft in die Blütenbildung für das Folgejahr investiert. Falls sich wieder Langtriebe bilden, werden diese im Frühjahr bis auf 10 cm zurück geschnitten.

Blauregen wächst sehr stark, daher sollte von vorne herein ein geeigneter Standort gewählt werden. Einige Spezialbetriebe bieten auch Hochstämme von dieser Gattung an. Zwischenzeitlich werden Wisteria nicht nur in lila-blau, sondern auch in weiß, rosa und rot angeboten.

Keinesfalls dürfen Fallrohre von Dachrinnen als Kletterhilfen für Blauregen genommen werden, die Kraft der Triebe zerquetscht die Rohre!

Kletterndes Geißblatt *(Lonicera in Sorten)* benötigt wenig Pflege. Es blüht meist an den Kurztrieben vom einjährigen Holz. Beim Pflegeschnitt im Frühjahr werden nur überhängende Langtriebe entfernt. Wenn Pflanzen völlig verkahlt sind, kann ein Verjüngungsschnitt auf 50 bis 60 cm erfolgen.

Schling -Knöterich *(Polygonum aubertii)* blüht am diesjährigen Holz. Deshalb kann die Pflanze jedes Jahr bedenkenlos auf 50 cm eingekürzt werden. Häufig soll Knöterich große Flächen abdecken, weshalb mehrere Jahre auf Schnitt verzichtet werden kann.

Pfeifenwinde *(Aristolochia macrophylla)* braucht nur geschnitten zu werden, wenn die Pflanze zu groß wird. Werden die Triebe im Sommer zu lang, können diese bedenkenlos eingekürzt werden. Die purpurbraunen Blüten sind meist hinter den großen, herzförmigen Blättern versteckt.

Klettertrompete *(Campsis radicans in Sorten)* wird ähnlich wie der Blauregen geschnitten. Ein stabiler Gerüstaufbau muss auch hier erfolgen. Kräftige Seitentriebe werden zu seitlichen Spalierarmen ausgebildet. Die Klettertrompete blüht am dies-

Bei Blauregen werden die Langtriebe im Sommer bis auf 20 Zentimeter eingekürzt. Später wachsende Triebe werden im Frühjahr bis auf etwa 10 Zentimeter gestutzt; dort befinden sich dann die Blütenknospen.

Blauregen windet sich links herum um die Kletterhilfen. Im unteren Bereich werden im Sommer bis 50 Zentimeter alle Seitentriebe entfernt; die Leittriebe werden bis zu der gewünschten Höhe hochgezogen.

Schling- und Kletterpflanzen

Waldreben (Clematis) haben Spross- und Blattranken, mit denen sie sich an dünnen Kletterhilfen festhalten.

jährigen Holz, daher werden die Seitentriebe im Frühjahr auf drei Augen zurück genommen. An den neu gewachsenen Trieben entstehen ab Juli die Blütenstände. Im kommenden Frühjahr schneidet man die abgeblühten Seitenzweige wieder auf drei Knospen zurück. Wird dieser Rhythmus in den nächsten Jahren beibehalten, ist immer genügend Blütenholz vorhanden. Die trompetenförmigen orangen oder gelben Blüten erscheinen von Juli bis September

Waldreben (*Clematis*) benötigen einen humosen, feuchten, aber durchlässigen Gartenboden. Der Standort darf sonnig bis leicht schattig sein. Die Pflanzen werden so tief gesetzt, dass noch ein Augenpaar in der Erde ist. Nach der Pflanzung wird bis auf zwei Augenpaare über dem Erdboden zurück geschnitten, wodurch ein buschiger Aufbau erzielt wird. Die Neutriebe müssen dann an die Kletterhilfe geführt werden. Clematis lieben einen kühlen Fuß, daher wird die Wurzelscheibe mit Abdeckmaterial wie Steinen oder Rindenmulch schattiert.

Diese Gattung unterscheidet sich zunächst in die Wildformen und Hybriden. Fast alle **Wildformen** blühen an den diesjährigen Kurztrieben der vorjährigen Ranken, weswegen sie kaum einen Rückschnitt benötigen. Falls die Pflanzen nach mehreren Jahren vergreisen oder zu groß werden, schneidet man sie nach der Blüte auf die Hälfte zurück. Die jungen Langtriebe bilden die Basis für das Blütenholz der Folgejahre.

Ausnahmen, die am diesjährigen Holz blühen, bilden folgende Arten: **Orientalische Waldrebe** (*Clematis orientalis*), **Herbst-Waldrebe** (*Clematis paniculata*), **Gold-Waldrebe** (*Clematis tangutica*), **Italienische Waldrebe** (*Clematis viticella*) und **Gewöhnliche Waldrebe** (*Clematis vitalba*).

Hybriden blühen je nach Sorte ab Mitte Juni am einjährigen und teilweise am diesjährigen Holz. Daher sollten die Pflanzen im zeitigen Frühjahr auf 40 bis 60 cm zurück geschnitten werden. Damit läßt man den Frühsommerblühern genügend vorjähriges Blütenholz für den ersten Flor, am diesjährigen Holz entwickelt sich dann später noch eine zweite Blüte.

Sommerblühende Clematis Hybriden tragen die Blüten

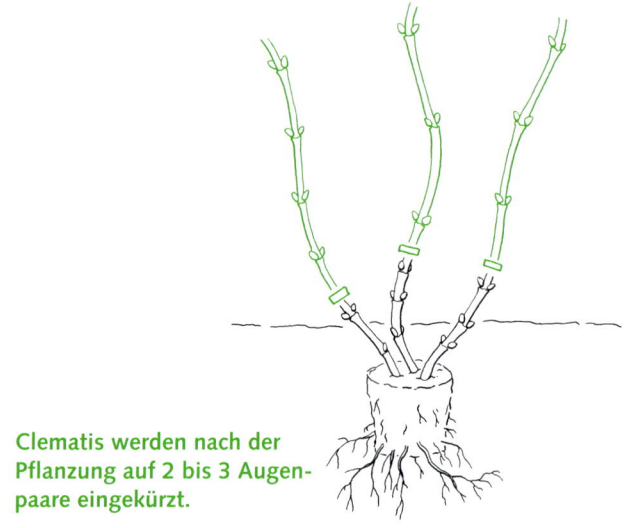

Clematis werden nach der Pflanzung auf 2 bis 3 Augenpaare eingekürzt.

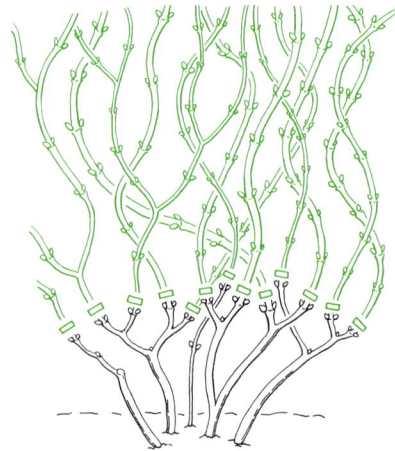

Clematis-Hybriden, die am diesjährigen Holz blühen, werden recht kurz geschnitten. Sorten, die im Frühsommer blühen, lässt man länger.

ausschließlich am diesjährigen Holz ab Juni. Bei diesen Sorten sollte der Schnitt im Februar bis März auf etwa 20 bis 40 cm erfolgen.

7. Schnitt von bodendeckenden Gehölzen

Flächige Pflanzungen von Bodendeckern sind meist pflegeleicht. Kräftig wachsende Gattungen und Arten wie **Felsenmispel** (*Cotoneaster dammeri* 'Skogholm'), **Immergrüne Heckenkirsche** (*Lonicera nitida* in Sorten), **Zwergspieren** (*Spiraea japonica* in Sorten), **Niedrige Purpurbeere** (*Symphoricarpos chenaultii* 'Hancock') sowie viele robuste **Bodendeckerrosen** (*Rosa* in Sorten, veredelt und wurzelecht) können ohne Probleme mit einer Heckenschere geschnitten werden. Der geeignete Zeitpunkt liegt im März bis April, allerdings kann auch in den Monaten Juni und Juli flächig geschnitten werden.

Kriechendes Johanniskraut (*Hypericum calycinum*) friert im Winter oft zurück und erneuert sich aus Wurzelausläufern. Das Erfrorene wird bis direkt über dem Boden abgeschnitten, die Pflanzen regenerieren sich meist sehr gut.

Teppich-Hartriegel (*Cornus canadensis*), **Niederliegende Scheinbeere** (*Gaultheria procumbens*) und **Schattengrün** (*Pachysandra* in Sorten) werden nicht geschnitten, da sie sich zügig aus dem Wurzelbereich erneuern.

Bodendeckende Nadelgehölze werden individuell im zeitigen Frühjahr oder August bis September mit der Gartenschere geschnitten.

8. Heidepflanzen

Es wird zunächst zwischen Erica mit ihrer unterschiedlichen Blütezeit und Calluna unterschieden.

Zur Sommerblühenden Heide gehören die **Grau-Heide** (*Erica cinerea*), die **Glocken-Heide** (*Erica tetralix*) und die **Cornwall-Heide** (*Erica vagans*) in vielen verschiedenen Sorten. Die Blütezeit liegt zwischen Ende Juni und Anfang Oktober.

Die **Schnee-Heide** (*Erica carnea*) setzt ihre Knospen bereits im Spätsommer an, die sich bei mildem Wetter oft schon im Dezember öffnen und bis Anfang Mai blühen.

Die **Besen-Heide** (*Calluna vulgaris*) mit ihren vielen Kultursorten ist ein typischer Spätsommerblüher. Unterschiedliche Wuchshöhen, Laubfärbungen und Blütenfarben machen diese Gruppe zu einem interessanten Gestaltungselement.

Bei kleinen Flächen erfolgt der Schnitt mit der Gartenschere. Der Strauch wird mit einer Hand zusammen genommen und darunter abgeschnitten.

Bei größeren Flächen lohnt sich der Einsatz einer Heckenschere.

Alle Heidepflanzen müssen immer wüchsig gehalten werden, was einen jährlichen Rückschnitt erfordert.

Es darf nicht in das alte Holz geschnitten werden, da dort die Vitalität fehlt.

Der günstigste Termin ist nach dem Winter etwa Ende März bis Anfang Mai.

Heidepflanzen müssen jedes Jahr nach der Blüte geschnitten werden. Nicht geschnittene Pflanzen vergreisen schnell.

Formgehölze

9. Pflege von Formgehölzen

Fertig formierte Gehölze können durch fachgerechte Pflege- und Schnittmaßnahmen über Jahrzehnte oder gar Jahrhunderte, wie in gepflegten historischen Parks zu sehen, erhalten werden.

In Form geschnittene Gehölze haben eine über 1500 Jahre alte Tradition im Gartenbau, die ihre Höhen und Tiefen erlebt hat. Zypressen und Buchsbaum zählten damals zu den beliebtesten Gattungen.

Im Barockzeitalter erreichten in Schlossgärten und auf großen Landgütern Formgehölze in ganz Europa ihren absoluten Höhepunkt. Viele dieser hervorragenden Anlagen sind bis in die heutige Zeit erhalten oder liebevoll gepflegt und restauriert worden.

Seit etwa 20 Jahren haben durch Schnitt in Form gebrachte Pflanzen eine große Nachfrage erfahren. Nach asiatischem Vorbild geschnittene Pflanzen erfreuen sich großer Beliebtheit.

Der Erziehungsschnitt zu Formgehölzen ist eine langwierige Arbeit, dauert oft viele Jahre und ist eine ganz spezielle Thematik. In guten Fachbüchern (z.B. Heinrich Beltz, Formgehölze schneiden, Verlag Eugen Ulmer, 2007), werden die erforderlichen Arbeitsschritte und Maßnahmen zum Erreichen eines individuellen Formgehölzes ausführlich beschrieben. Daher soll hier nur der Erhaltungsschnitt von Formgehölzen beschrieben werden.

Damit die bestehenden Formen erhalten bleiben, sollte nur wenig Zuwachs erlaubt werden. Zwei bis drei Millimeter Neuzuwachs pro Jahr reichen meist aus.

Wenn der neue Austrieb etwa Ende Mai / Anfang Juni aushärtet, ist der beste Zeitpunkt für den Schnitt gekommen.

Bevor sich bei Kiefern die Nadeln an den Kerzen entfalten, schneidet man die Kerzen auf etwa 5 Millimeter zurück. Hier entwickeln sich dann die Knospen für den Austrieb des Folgejahrs. Treiben nach dem Schnitt bei Formgehölzen wieder neue Knospen aus, muss einige Wochen später ein weiterer Schnitt erfolgen, damit die gewünschte Form erhalten bleibt. Es eignen sich fast alle Gehölze für den Formschnitt, allerdings müssen die natürlichen Wuchsstärken berücksichtigt werden.

Die beliebtesten Formen sind Würfel-, Kugel-, auch auf

Eine wichtige Regel: dort wo die Pflanze am stärksten austreibt, muss sie am kräftigsten geschnitten werden.

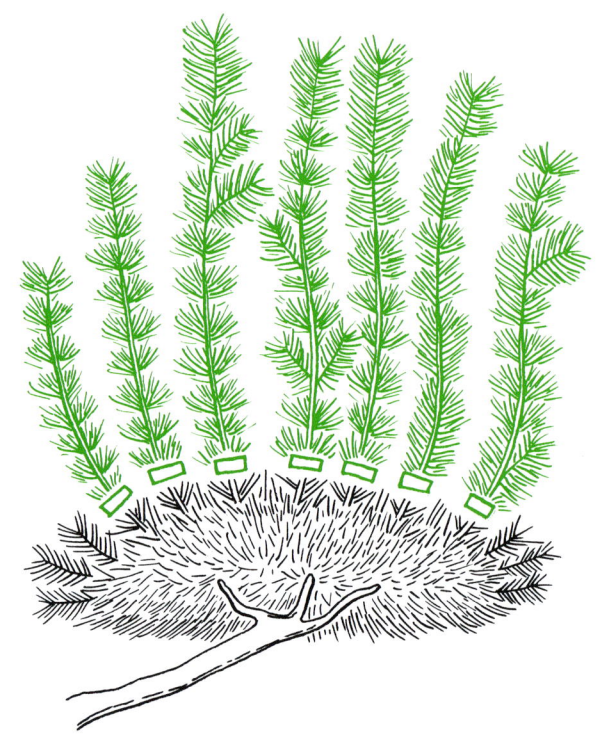

Formgehölze müssen sehr streng geschnitten werden. Bei Kiefern dürfen nur 2 bis 3 Millimeter von den Kerzen stehen bleiben, sonst verlieren die Pflanzen schnell ihren Charakter.

Stämmchen, Pyramiden-, Kegel- und Bonsai-Formen. Bei Skulpturen sind der Phantasie kaum Grenzen gesetzt. Beim Kauf von Formgehölzen und dem späteren Pflegeschnitt ist auf eine ausgewogene Statik der Pflanzen zu achten. Die Proportionen müssen stimmen, damit die Gehölze nicht kopflastig werden. Die unteren Bereiche treiben sonst schlecht aus und verkümmern später.

Ein gutes Augenmaß, so wie eine sichere Hand sind entscheidende Voraussetzungen für einen erfolgreichen Formschnitt. Meist wird frei nach dem Auge geschnitten, es können aber auch bei strikten Formen wie Würfeln, Kegeln oder Pyramiden Schablonen aus Stäben und Schnüren gefertigt werden.

Als Werkzeuge eignen sich besonders spezielle Formierscheren mit einer kurzen und scharfen Klinge. Normale Heckenscheren mit einer gewellten Klinge, elektrische Rasenkantenscheren und auch elektrische Heckenscheren eignen sich ebenfalls für den Schnitt, sie müssen allerdings scharfe Klingen haben, damit saubere Schnittflächen entstehen.

10. Pflege von Stauden

Stauden sind ein wichtiges Gestaltungselement in unseren Gärten. Um viele Jahre Freude an Stauden zu haben, sind Sortenwahl, Standortansprüche und Kombinationsmöglichkeiten mit anderen Pflanzen zu berücksichtigen.

Während der Pflegeschnitt ein sauberes und gepflegtes Aussehen einer Pflanzung erzielt, trägt der Verjüngungsschnitt meist zu einer Verlängerung und Wiederholung des Blütenflors bei.

Ein Pflegeschnitt ist notwendig, wenn die Pflanzen nach der Blüte nicht mehr ordentlich aussehen. Es dürfen auch keine Samen ausfallen, da diese im Wurzelbereich der Mutterpflanze keimen. Da die Sämlinge häufig nicht sortenecht sind, werden sie meist kräftiger und vitaler und überwachsen schnell die Mutterpflanze. Spätsommer- oder Herbstblüher werden oft erst durch die ersten Nachtfröste in ihrem Blütenreichtum gestoppt. Die Frucht- und Blütenstände bekommen häufig durch Raureif und leichte Schneeauflagen einen besonderen Charme. Mit dem Rückschnitt kann man bis in das zeitige Frühjahr warten, eventuell keimende Sämlinge können später weggehackt oder gejätet werden.

Frühjahrs- und Sommerblühende Stauden werden nach der Blüte bis auf eine Handbreite über den Boden zurück geschnitten. Nach dem Durchtrieb folgt im Spätsommer oft eine schöne Nachblüte. Dieses trifft besonders bei folgenden Sorten zu: **Rittersporn** (*Delphinium*), **Sommersalbei** (*Salvia nemorosa*), **Feinstrahlaster** (*Erigeron*), **Lupinen** (*Lupinus*) und **Bunte Margerite** (*Tanacetum coccineum*).

Bei großblumigen Arten, wie **Schafgarbe** (*Achillea*), **Margerite** (*Leucanthemum vulgare*) und **Sonnenauge** (*Heliopsis helianthoides var. scabra*, Syn.:*Heliopsis scabra*) ist es vorteilhaft, abgeblühte Einzelblüten zu entfernen. Dadurch wird die Entwicklung der Seitenblüten gefördert und die Blütezeit erheblich verlängert.

Kurzlebige Stauden, zu denen **Stockrosen** (*Alcea*) und **Islandmohn** (*Papaver nudicaule*) zählen, werden unmittelbar nach der Blüte zurück geschnitten. Dadurch reifen keine Samen und die Pflanzen werden noch einmal zur Bildung von Triebknospen gezwungen.

Besonders reichblütige Arten erschöpfen sich durch ihren überreichen Flor. Hier müssen unbedingt nach der Blüte die Triebe entfernt werden, wodurch neue Blattrosetten und Triebknospen gebildet werden, die diesen Pflanzen das Überleben sichern. Zu solchen Massenblühern zählen **Kokardenblume** (*Gaillardia*), **Mädchenauge** (*Coreopsis*), **Margerite** (*Leucanthemum vulgare*) und **Spornblume** (*Centranthus*).

Durch sachgemäße Pflege kann die Lebensdauer der Stauden erheblich verlängert werden. Dazu gehört auch das rechtzeitige Verjüngen durch Teilung, dazu werden kräftige Wurzelstücke mit dem Spaten oder Messer vorsichtig geteilt. Die Teilstücke werden wieder gepflanzt oder getopft, so entstehen junge und wüchsige Pflanzen.

Durch sachgemäße Pflege kann die Lebensdauer der Stauden erheblich verlängert werden.

Der Schnitt spielt eine entscheidende Rolle im Lebensrhythmus der Stauden.

Stauden

10.1 Winterschutz bei Stauden

Im Allgemeinen gelten die meisten Stauden als recht winterhart. Sie vertragen die in Deutschland üblichen Wintertemperaturen. Allerdings können extreme Nässe, Kahlfröste und starker Sonnenschein zu Problemen führen. Daher ist ratsam, die richtige Sortenauswahl für die entsprechenden Standorte zu treffen. Spätfrost gefährdete Arten wie **Tränendes Herz** (*Dicentra spectabilis*), **Funkien** (*Hosta*), **Schaublatt** (*Rodgersia*), **Herbstanemonen** (*Anemone japonica*) und **Federmohn** (*Macleaya*) sollten einen geschützten Standort bekommen.

Stauden, die ihr Blattwerk nicht einziehen, benötigen einen Winterschutz.

Stauden, die ihr Blattwerk nicht einziehen, benötigen in jedem Fall Winterschutz. Da Sonne und Wind die Pflanzen austrocknen, müssen wir sie davor schützen. Deckreisig erweist sich als ein sehr gutes Material, da es Luft und Wasser durchlässt, aber die Sonne fernhält. Wenn im Frühjahr die Pflanzen mit dem Austrieb beginnen, kann die Abdeckung leicht entfernt und bei erneuter Frostgefahr schnell wieder aufgelegt werden. Dichte Folie und Vlies sollte nicht eingesetzt werden, da die Pflanzen darunter verfaulen, verweichlichen und später frostgefährdet sind.

Pampasgras (*Cortaderia selloana*), **Fackellilie** (*Kniphofia*), **Palmlilie** (*Yucca*), **Schmucklilie** (*Agapanthus*) und **Gartenfuchsien** (*Fuchsia magellanica*) werden locker zusammengebunden. Aus Maschendraht fertigt man einen Zaun von etwa 80 cm Höhe um die Pflanzen, der rundherum mit einer Laubschüttung verfüllt wird. Ab Anfang Mai wird das Laub bis nach den Eisheiligen (ca. Mitte Mai), in mehreren Etappen vorsichtig herausgenommen. Es sollte bedecktes Wetter herrschen, da die empfindlichen Pflanzen leicht einen Sonnenbrand bekommen, notfalls einige Tage leicht schattieren.

11. Häufige Schnittfehler an Gehölzen

Fehler:	Folge:
Kein Pflanzschnitt:	Pflanzen verzweigen sich schlecht, bleiben unten kahl.
Totaler Rückschnitt bei Blütensträuchern, die am mehrjährigen Holz blühen:	Kein blühfähiges Holz im Folgejahr, Pflanzen entwickeln nur Langtriebe, blühfähiges Holz muss wieder aufgebaut werden.
Kein Rückschnitt:	Pflanzen vergreisen, es wird kein neues Blütenholz gebildet, die Vitalität geht verloren.
Kein Verjüngungsschnitt:	Es wächst kein junges Holz nach, Triebe überaltern.
Buchsbaum zu spät geschnitten:	Neutriebe reifen nicht mehr aus, Frostschäden im Winter.
Buchsbaum bei zu starkem Sonnenschein geschnitten:	Sonnenbrand an den Schnittflächen, Pflanzen treiben schwer wieder durch, eventuell einige Tage schattieren!
Astring weg geschnitten:	Wunde verheilt nicht richtig, Schäden durch Fäulnis.
Aststumpf bleibt zu lang:	Wunde überwallt nicht, Holz stirbt ab. Fäulnis und Pilzerkrankungen breiten sich aus.
Thuja und Scheinzypressen in das alte Holz geschnitten:	Zweige treiben nicht mehr aus, Hecke bleibt kahl.
Wildtriebe nicht entfernt:	Unterlage überwächst langfristig die Edelsorte.

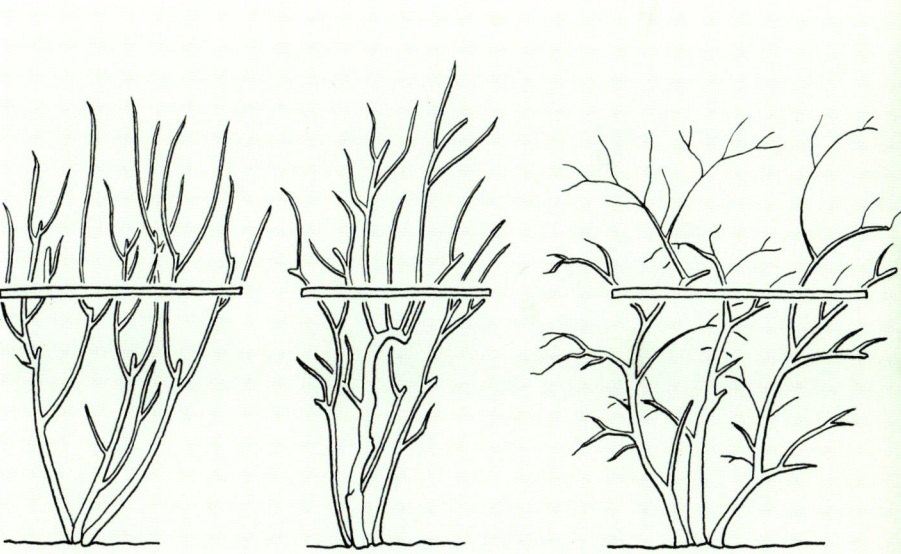

Blütensträucher, die so rabiat geschnitten werden, blühen nie!

12. Nachbarrecht, Naturschutz und Baumschutzsatzung

Das Nachbarrecht ist in den Bestimmungen der einzelnen Bundesländer geregelt. Es kann von Bundesland zu Bundesland unterschiedlich gefasst sein. Es regelt unter anderem die Mindestabstände der Bepflanzung zur Grundstücksgrenze. Dabei ist die Endhöhe und Kronenbreite bei Bäumen und Gehölzen zu berücksichtigen! Die geltenden Vorschriften können bei der zuständigen Gemeinde erfragt werden.

Mögliche private Vereinbarungen über Grenzbepflanzungen zwischen Nachbarn sollten in vertraglicher Form festgehalten und rechtlich abgesichert werden. Spätere Unstimmigkeiten werden dadurch vermieden.

Zum Schutz brütender Vögel untersagt das Naturschutzgesetz Fällung, Rodung und massiven Schnitt von Bäumen und Gehölzen zwischen März und Oktober.

Der Schutz von Bäumen ist in den Gemeinden unterschiedlich geregelt. Viele Kommunen haben keine Baumschutzsatzungen und vertrauen auf den Sachverstand und die Vernunft der Bürger, andere Gemeinden haben sehr streng gefasste Verordnungen. Daher ist es ratsam, vor Fällung oder Rodung größerer Bäume bei der Verwaltung nachzufragen, ob es eine Baumschutzsatzung gibt und welche Festsetzungen eventuell darin enthalten sind. Entfernt ein Grundstücksbesitzer geschützte Bäume widerrechtlich, können aufwendige und kostspielige Neupflanzungen angeordnet werden.

13. Schnittkalender und Register nach deutschen Artnamen

Dieser Schnittkalender beinhaltet die am häufigsten im Garten vorkommenden Gattungen und Arten. Die Unterteilung erfolgt der Einfachheit halber in sieben unterschiedliche Gruppen.

Gruppe 1: Es erfolgt kein genereller Rückschnitt, es werden, falls notwendig, nur Korrektur- und Auslichtungsschnitte durchgeführt.

Gruppe 2: Diese Gehölze vertragen einen kräftigen Rückschnitt bis in das mehrjährige Holz.
    Schlafende Augen werden aktiviert; Pflanzen bleiben kompakt und vital.

Korrektur und Auslichtung durch die Entfernung vergreister Triebe.

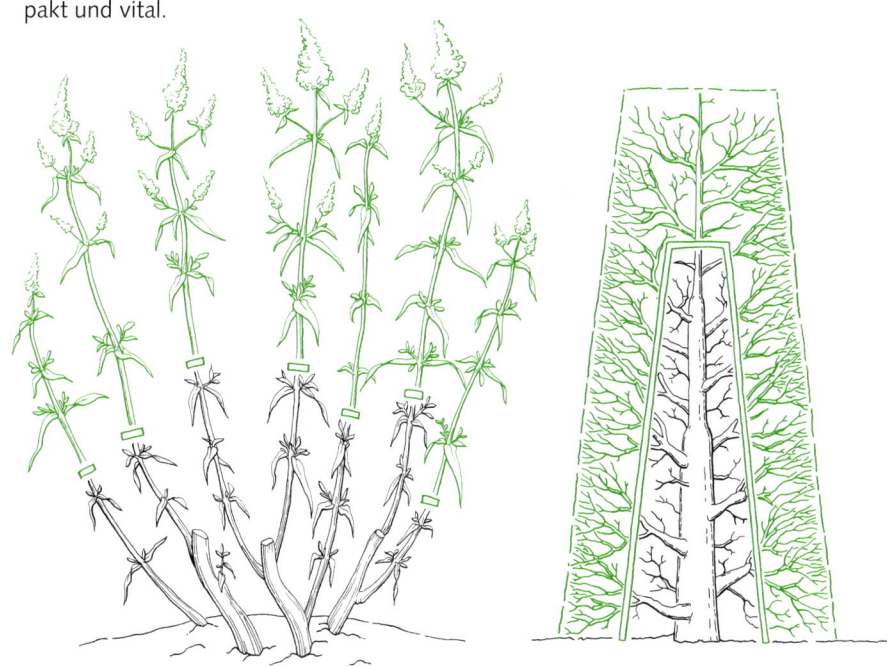

Alle Triebe werden durch einen kräftigen Rückschnitt gekürzt.

Schnittkalender und Artenregister

Gruppe 3: Der Sommerschnitt verlängert bei vielen Arten die Blütezeit durch Bildung eines zweiten Flors. Der Schnitt von Laub- und Nadelholzhecken erfolgt grundsätzlich im Sommer, etwa ab Mitte Juni.

Schnitt an Tanne, Fichte und Douglasie am diesjährigen Trieb im Juni.

Nach der Entfernung der verblühten Hauptblüte können sich Nebenblüten kräftiger entwickeln.

Gruppe 4: Einige Pflanzen müssen im Frühjahr direkt nach der Blüte geschnitten werden, um blühfähiges Holz für das Folgejahr zu bekommen, bei einigen Prunus–Sorten wird die Infektion mit dem Monilia–Pilz reduziert.

Gruppe 5: Durch den Auslichtungs- und Verjüngungsschnitt in den Wintermonaten vermeidet man das Vergreisen von Gehölzen. Die Pflanzen bleiben locker und wüchsig; es wächst Blütenholz nach.

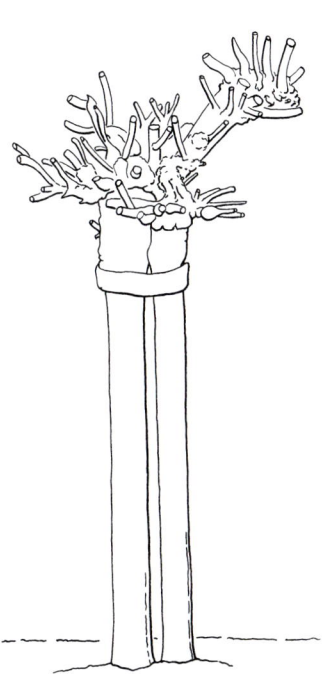

Ein Rückschnitt der Triebe nach der Blühphase fördert die Entwicklung blühfähigen Holzes für das Folgejahr.

Vergreiste Triebe an Sträuchern müssen in den Wintermonaten entfernt werden.

Schnittkalender und Artenregister

Gruppe 6: In den Monaten Dezember bis April ist Hauptzeit für den Winterschnitt. Walnuss, Birken, Spitz- und Bergahorn sollten möglichst schon zwischen Dezember und Februar geschnitten werden, da der Saftstrom hier schon früh einsetzt und es zum so genannten ‚Bluten' kommen kann.

Alle übrigen laubabwerfenden Gehölze schneidet man im Februar bis April. Es sollten allerdings keine Minustemperaturen herrschen.

Gruppe 7: Alle formalen Hecken werden ab dem Johannistag (24. Juni) geschnitten. Um diese Zeit setzt ein zweiter Wachstumsschub ein; die Wunden verheilen schnell und ein neuer Durchtrieb erfolgt, der bis zum Herbst noch gut ausreift.

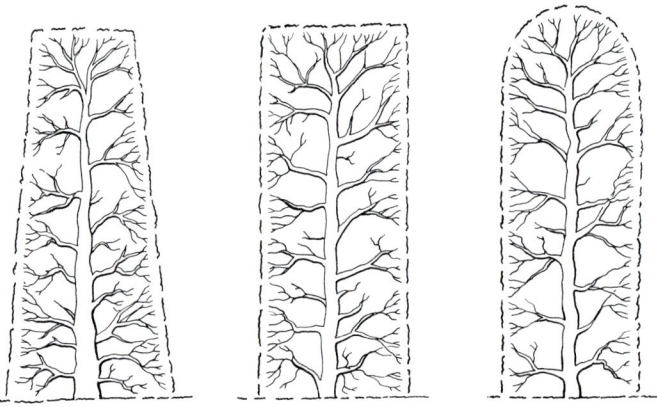

Mögliche Schnittformen an Hecken.

Auslichtungsschnitt an Bäumen.

Schnittkalender und Artenregister

Gehölzart:	Gruppe:	Jan.	Feb.	Mär.	Apr.	Mai	Jun.	Jul.	Aug.	Sep.	Okt.	Nov.	Dez.	Seite
Ahorn (*Acer in Sorten*)	1, 6	■	■										■	8, 12, 18, 22, 49
Alpenrose (*Rhododendron in Sorten*)	2, 4			■	■		■							24
Apfel (*Malus in Sorten*)	1, 6	■	■	■										12, 13, 18
Bartblume (*Caryopteris in Sorten*)	2			■										14
Bauern-, Tellerhortensien (*Hydrangea in Sorten*)	6			■										19, 20, 21
Baumwürger (*Celastrus orbiculatus*)	1, 2			■										47
Berberitze (*Berberis in Sorten*)	5, 6, 7		■				■							25
Berg-Kiefer (*Pinus mugo*)	3, 7						■							31
Besenheide (*Calluna vulgaris*)	4			■										41
Birke (*Betula*)	1		■									■		8, 49
Blauraute (*Perovskia abrotaniodes*)	2				■									47
Blauregen (*Wisteria in Sorten*)	3, 6		■				■	■	■					38, 39

Schnittkalender und Artenregister

Gehölzart:	Gruppe:	Jan.	Feb.	Mär.	Apr.	Mai	Jun.	Jul.	Aug.	Sep.	Okt.	Nov.	Dez.	Seite
Blumen – Hartriegel (*Cornus florida*)	1			✓	✓									47
Blut-Buche (*Fagus sylv. 'Purpurea'*)	2, 6, 7	✓	✓				✓	✓	✓					26
Blut-Johannisbeere (*Ribes sanguinea in Sorten*)	5, 6		✓	✓										49, 50
Blut – Pflaume (*Prunus cer. 'Nigra'*)	1, 6		✓	✓										47, 50
Buche (Rot-) (*Fagus sylvatica*)	2, 6, 7	✓	✓				✓	✓						26
Buchsbaum (*Buxus in Sorten*)	3, 7				✓		✓	✓						10, 28, 45
Buntlaubige Weide (*Salix int. 'Hakuro Nishiki*)	2				✓									17
Bunte Margerite (*Tanacetum coccineum*)	3						✓	✓						43
Brautspiere (*Spirea arguta*)	4, 5, 7	✓	✓	✓	✓									25, 27
Chinesischer Hartriegel (*Cornus kousa in Sorten*)	1			✓	✓									47
Clematis Hybriden	6			✓	✓									50
Clematis Wildformen	1, 5		✓	✓	✓									47, 49

Schnittkalender und Artenregister

Gehölzart:	Gruppe:	Jan.	Feb.	Mär.	Apr.	Mai	Jun.	Jul.	Aug.	Sep.	Okt.	Nov.	Dez.	Seite
Cornwall-Heide (*Erica vagans*)	4			■	■									41
Douglasie (*Pseudotsuga*)	3						■							30, 48
Efeu (*Hedera in Sorten*)	3						■							38
Eibe (*Taxus in Sorten*)	2, 7		■											10, 29, 32
Eichenblatt – Hortensie (*Hydrangea quercifolia*)	6			■										20, 21
Eiche (*Quercus in Sorten*)	1	■	■	■										12
Essigbaum (*Rhus thyphina in Sorten*)	1		■											47
Fackellilie (*Kniphofia*)	3							■	■					44
Faulbaum (*Rhamnus frangula*)	2, 5	■	■											16
Fächer-Ahorn (*Acer palmatum in Sorten*)	1				■									47
Federmohn (*Macleaya*)	3							■	■	■				44
Feinstrahlaster (*Erigeron*)	3							■	■					43

Schnittkalender und Artenregister

Gehölzart:	Gruppe:	Jan.	Feb.	Mär.	Apr.	Mai	Jun.	Jul.	Aug.	Sep.	Okt.	Nov.	Dez.	Seite
Feld-Ahorn (*Acer campestre*)	5, 7						■							49, 50
Felsenbirne (*Amelanchier in Sorten*)	5, 6	■	■											49, 50
Felsenmispel, aufrecht (*Cotoneaster in Sorten*)	5, 6			■			■							23, 41
Felsenmispel, bodendeckend (*Cotoneaster in Sorten*)	2, 3		■	■	■	■								41
Feuerdorn (*Pyracantha in Sorten*)	5						■	■						23
Fichte (*Picea in Sorten*)	3						■							29, 30, 48
Flieder (*Syringa vulgaris in Sorten*)	1, 5		■	■			■							8, 18, 22
Formgehölze	3						■	■						9, 42, 43
Forsythie (*Forsythia in Sorten*)	5				■									22
Frühlings-Spiere (*Spirea thunbergii*)	4				■									27
Fünffingerkraut (*Potentilla fruticosa*)	6, 7	■	■	■					■					27
Funkie (*Hosta*)	1					■								44

Schnittkalender und Artenregister

Gehölzart:	Gruppe:	Jan.	Feb.	Mär.	Apr.	Mai	Jun.	Jul.	Aug.	Sep.	Okt.	Nov.	Dez.	Seite
Gartenfuchsie (*Fuchsia magellanica*)	1													44
Gewürzstrauch (*Calycanthus floridus*)	1			■										47
Ginkgo (*Ginkgo biloba*)	1	■	■											29
Glocken-Heide (*Erica tetralix*)	4				■									41
Goldregen (*Laburnum* in Sorten)	1			■										12, 13
Goldglöckchen (*Forsythia* in Sorten)	5				■									12
Grau-Heide (*Erica cinerea*)	4			■	■									41
Hainbuche (*Carpinus betulus*)	2, 6, 7						■	■	■					12, 26
Hänge–Kätzchen–Weide (*Salix cap. 'Pendula'*)	4				■									17
Hartriegel, strauchartig (*Cornus* in Sorten)	5, 6		■	■										16
Haselnuss (*Corylus* in Sorten)	2, 5, 6	■	■	■										16
Herbstanemone (*Anemone japonica*)	3									■				44

Schnittkalender und Artenregister

Gehölzart:	Gruppe:	Jan.	Feb.	Mär.	Apr.	Mai	Jun.	Jul.	Aug.	Sep.	Okt.	Nov.	Dez.	Seite
Herbst-Flieder (*Syringa microphylla* ´Superba´)	5		■	■										49
Holunder (*Sambucus* in Sorten)	2, 5, 6	■	■	■										16
Hortensie (*Hydrangea*)	6			■										19, 20, 21
Immergrüne Heckenkirsche (*Lonicera* ´Maigrün`)	2, 3			■	■		■	■	■					23, 41
Islandmohn (*Papaver nudicaule*)	3							■	■					43
Japanischer Ahorn (*Acer japonicum* in Sorten)	1			■	■									18
Japanische Aprikose (*Prunus mume*)	4					■								16, 17
Johanniskraut (*Hypericum* in Sorten)	2				■									14, 41
Judasbaum (*Cercis siliquastrum*)	1				■									47
Kiefer (*Pinus* in Sorten)	7					■								29, 30, 31, 42
Kirsche (*Prunus* in Sorten)	1, 6		■	■	■									12, 13, 16, 22
Kletterhortensie (*Hydrangea petiolaris*)	1, 6		■	■	■									20, 38

Schnittkalender und Artenregister

Gehölzart:	Gruppe:	Jan.	Feb.	Mär.	Apr.	Mai	Jun.	Jul.	Aug.	Sep.	Okt.	Nov.	Dez.	Seite
Kletterndes Geißblatt (Lonicera in Sorten)	2, 5							■	■					38, 39
Klettertrompete (Campsis radicans in Sorten)	1, 2			■	■									38, 39
Kokardenblume (Gaillardia)	3													43
Kolkwitzie (Kolkwitzia amabilis)	5, 6			■										49, 50
Korkenzieherhasel (Corylus avellana contorta)	1, 2													18
Kornelkirsche (Cornus mas)	5, 6	■	■											13
Kugel-Robinie (R. pseud. 'Umbraculifera')	2			■										12
Kriechspindel (Euonymus fortunei in Sorten)	3						■	■						38
Kriechendes Johanniskraut (Hypericum calycinum)	2			■	■									41
Krummholz-Kiefer (Pinus mugo 'Mughus')	3, 7							■						30, 31
Lärche (Larix in Sorten)	2, 7	■	■		■									29, 32
Lavendel (Lavandula in Sorten)	2, 3				■			■						17, 18

Schnittkalender und Artenregister

Gehölzart:	Gruppe:	Jan.	Feb.	Mär.	Apr.	Mai	Jun.	Jul.	Aug.	Sep.	Okt.	Nov.	Dez.	Seite
Lebensbaum (*Thuja*)	7						■	■						10, 29, 30
Liguster (*Ligustrum in Sorten*)	7						■	■	■					25, 26
Lorbeerkirschen (*Prunus laurocerasus in Sorten*)	1				■									29
Lorbeerrose (*Kalmia in Sorten*)	1						■							47
Lupine (*Lupinus*)	3						■							43
Mädchenauge (*Coreopsis*)	3													43
Magnolien (*Magnolia in Sorten*)	1		■											47
Mahonie (*Mahonia In Sorten*)	1, 3							■						23
Maiblumenstrauch (*Deutzia in Sorten*)	5, 6		■	■										49, 50
Mandelbäumchen (*Prunus triloba*)	4					■								16, 17
Margerite (*Leucanthemum vulgare*)	3							■	■					43
Niederliegende Scheinbeere (*Gaultheria procumbens*)	1	Wird nicht geschnitten, da sie sich zügig aus dem Wurzelbereich erneuert.												41

Schnittkalender und Artenregister

Gehölzart:	Gruppe:	Jan.	Feb.	Mär.	Apr.	Mai	Jun.	Jul.	Aug.	Sep.	Okt.	Nov.	Dez.	Seite
Pagoden-Hartriegel *(Cornus controversa)*	1			■										47
Palmlilie *(Yucca)*	1				■									44
Pampasgras *(Cortaderia selloana)*	1	benötigt Winterschutz									benötigt Winterschutz			44
Perückenstrauch *(Cotinus in Sorten)*	1			■										13
Pfeifenstrauch *(Philadelphus in Sorten)*	5, 6		■	■				■						49, 50
Pfeifenwinde *(Aristolochia macrophylla)*	2, 6							■	■					38, 39
Pracht-Spiere *(Spirea x vanhouttei)*	5, 7	■	■				■							27
Purpurbeere, niedrige *(S. chenaultii 'Hancock')*	2			■										41
Ranunkelstrauch *(Kerria japonica in Sorten)*	5, 6					■								49, 50
Rhododendron *(Rhododendron in Sorten)*	1				■									8
Rispen-Hortensie *(H. paniculata 'Grandiflora')*	6			■										19
Rispen-Sommerflieder *(Buddleja alternifolia)*	5						■							49

Schnittkalender und Artenregister

Gehölzart:	Gruppe:	Jan.	Feb.	Mär.	Apr.	Mai	Jun.	Jul.	Aug.	Sep.	Okt.	Nov.	Dez.	Seite
Rittersporn (Delphinium)	3					■								43
Robinie (Robinia in Sorten)	1, 2		■	■	■									12
Rosen–Gartenformen (Rosa, veredelte Formen)	2, 3			■				■	■	■				18, 33, 34–38
Rosen-Wildformen (Rosa, meist aus Samen)	2, 5			■										18, 33, 34–38
Rosmarin (Rosmarinus officinalis)	2, 3					■								17, 18
Rotbuche (Fagus sylvatica)	2, 6, 7		■				■	■						26
Rotdorn (C. laevigatus 'Paul's Scarlet')	1													47
Russische Zwergmandel (Prunus tenella)	4					■								17
Samthortensie (H. aspera 'Macrophylla')	1					■								19
Sanddorn (H. rhamnoides in Sorten)	1			■										47
Sauerdorn (Berberis in Sorten)	5, 6, 7		■				■	■						25
Schafgarbe (Achillea)	3							■	■	■				43

Schnittkalender und Artenregister

Gehölzart:	Gruppe:	Jan.	Feb.	Mär.	Apr.	Mai	Jun.	Jul.	Aug.	Sep.	Okt.	Nov.	Dez.	Seite
Schattengrün (*Pachysandra* in Sorten)	1				■									41
Schaublatt (*Rodgersia*)	3						■							44
Scheinhasel (*Corylopsis* in Sorten)	1			■										47
Scheinquitte (*Chaenomeles* in Sorten)	5, 6		■	■										49, 50
Scheinzypresse (*Chamaecyparis* in Sorten)	3, 7							■						10, 29, 30, 45
Schlehe (*Prunus spinosa*)	2, 6	■	■											16
Schlingknöterich (*Polygonum aubertii*)	1, 2		■	■										38, 39
Schmucklilie (*Agapanthus*)	1	benötigt Winterschutz									benötigt Winterschutz			44
Schneeball, immergrün (*Viburnum* in Sorten)	1						■	■						47
Schneeball, laubabwerfend (*Viburnum* in Sorten)	5, 6		■	■										49, 50
Schneebeere (*Symphoricarpos* in Sorten)	2			■										47
Schneeheide (*Erica carnea* in Sorten)	4				■	■								41

Schnittkalender und Artenregister

Gehölzart:	Gruppe:	Jan.	Feb.	Mär.	Apr.	Mai	Jun.	Jul.	Aug.	Sep.	Okt.	Nov.	Dez.	Seite
Schönfrucht *(Callicarpa bodnieri in Sorten)*	1			■	■									47
Seidelbast *(Daphne mezereum in Sorten)*	1		■											47
Sicheltanne *(Cryptomeria japonica)*	1, 5			■	■									32
Sommerflieder *(Buddleia davidii in Sorten)*	6, 3			■	■			■	■					17, 22
Sommerheide *(E. cinerea, E.vagans, E. tetralix)*	4			■	■	■								49
Sommersalbei *(Salvia nemorosa)*	3						■	■						43
Sonnenauge *(H. helianthoides var. scabra)*	3						■	■						43
Spierstrauch, frühjahrsblühend *(Spiraea in Sorten)*	4					■								14, 27
Spierstrauch, sommerblühend *(Spiraea in Sorten)*	2		■	■	■									14, 27
Spornblume *(Centranthus)*	3						■	■						43
Stechpalme *(Ilex in Sorten)*	7				■									24, 29
Stockrose *(Alcea)*	3						■	■	■					43

Schnittkalender und Artenregister

Gehölzart:	Gruppe:	Jan.	Feb.	Mär.	Apr.	Mai	Jun.	Jul.	Aug.	Sep.	Okt.	Nov.	Dez.	Seite
Strauch – Hortensie (*H. arborescens* in Sorten)	6			●	●									20
Strauchveronica (*Veronica* in Sorten)	2				●			●						47
Sumpfzypresse (*Taxodium distichum*)	1, 5			●	●									32
Tamariske, frühjahrsblühend (*Tamarix parviflora*)	5						●							49
Tamariske, sommerblühend (*Tamarix ramosissima*)	5		●	●										49
Tanne (*Abies* in Sorten)	3							●						29, 30, 48
Teller-Hortensie (*Hydrangea serrata*)	6			●	●									19, 20, 21
Teppichmispel, immergrün (*C. dammeri* 'Skogholm')	2, 3				●	●								23
Teppich-Hartriegel (*Cornus canadensis*)	1					●								41
Tränendes Herz (*Dicentra spectabilis*)	4						●							44
Traubenkirsche, frühblühend (*Prunus padus*)	2, 5	●	●	●										16
Urweltmammutbaum (*M. glyptostroboides*)	1, 5			●	●									29, 32

63

Schnittkalender und Artenregister

Gehölzart:	Gruppe:	Jan.	Feb.	Mär.	Apr.	Mai	Jun.	Jul.	Aug.	Sep.	Okt.	Nov.	Dez.	Seite
Wacholder (*Juniperus in Sorten*)	7						▓	▓						10, 29, 30
Waldrebe (*Clematis in Sorten*)	1, 5, 6		▓	▓										40
Walnuss (*Juglans*)	1, 6	▓											▓	8, 49
Weiden (*Salix in Sorten*)	2, 6		▓											16, 17
Weigelie (*Weigela in Sorten*)	5, 6						▓	▓						49, 50
Weißdorn und ähnliche (*Crataegus in Sorten*)	5, 7						▓	▓	▓	▓				26
Wilder Wein (*Parthenocissus in Sorten*)	3						▓	▓	▓					38
Winterjasmin (*Jasminum nudiflorum*)	4, 5				▓									49
Zaubernuss (*Hamamelis in Sorten*)	1			▓										12, 18
Zeder (*Cedrus in Sorten*)	1			▓										29, 30
Zieräpfel (*Malus Hybriden in Zierformen*)	1, 6		▓	▓										12, 13, 18
Zierkirschen (*P. Hybriden in Zierformen*)	1, 6			▓										12, 13, 18
Zwerg-Spiere (*Spirea japonica in Sorten*)	2				▓	▓	▓	▓						41

14. Glossar der wichtigsten Fachtermini

Gehölzkunde und -behandlung

Astring	Wulst, an der ein Nebentrieb aus einem Leittrieb kommt. Hier sind Wuchsstoffe eingelagert, die nach dem Schnitt das Wundgewebe bilden, weshalb der A. nicht beschädigt werden sollte.
Auf den Stock setzen	Alle 5–7 Jahre Rückschnitt von Wildgehölzen auf 10–20 cm über dem Boden.
Auf Stämmen veredeln	Künstliche Vermehrung von schwach wachsenden Ziergehölzen, typischerweise Rosen- und Obstsorten. Dabei wird ein Teil der zu vermehrenden Pflanze auf einen niedrigen Stamm einer anderen Pflanze „transplantiert".
Auge	Voll entwickelte Knospe, die sich in der Blattachsel befindet.
Blütenholz	Blütenansätze an diesjährigem, ein- und mehrjährigem Holz.
Bodentrieb	Aus dem Wurzelbereich kommender Trieb.
Containerpflanze	In Töpfen oder Behältern gezogene Pflanze.
Diesjähriger Trieb	Im selben Jahr gewachsener Trieb, der noch nicht verholzt und verzweigt ist.
Dolde	Mehrere gestielte Blüten, die aus einem Punkt der Spross-Spitze entspringen.
Durchtrieb	Nach einem Rückschnitt erfolgter Neuaustrieb.
Edelreiser	Zur Veredelung nutzbare Pflanzenteile einer wertvollen Sorte, die auf die Unterlage, z.B. den Stamm, einer anderen Art „transplantiert" wird.
Edelsorte	Sorte mit erhaltenswerten Eigenschaften. Identische Abkömmlinge dieser Sorte werden durch vegetative Vermehrung produziert.
Einjähriger Trieb	Verholzter Zweig, dessen Knospen im Folgejahr das Seitenholz bilden.
Erhaltungsschnitt	Ziel ist es, das Gehölz vital zu erhalten und starkes Wachstum zu begrenzen.
Flor	Blüte.
Formschnitt	Veränderung des natürlichen Habitus durch gezielte Schnittmaßnahmen.
Fruchtstände	Nach der Blüte entstandene Früchte oder Samen.
Gegenständig	Augen / Knospen sitzen an einem Trieb gegenüber.

Glossar

Generative Phase	Phase des verminderten Längenwachstums in der eine verstärkte Blütenbildung beginnt.
Generative Vermehrung	Vermehrung aus Samen.
Grundtrieb	Aus der Basis der Pflanze kommender Haupttrieb.
Johannistrieb	Mit dem Johannistag (24. Juni) beginnender zweiter Trieb.
Konifere	Allgemein gebräuchlicher Begriff für Nadelgehölze.
Kopulation	Veredelung einer bestimmten Sorte auf eine dafür geeignete Unterlage, um der nicht wurzelechten Sorte ein dauerhaftes Wachstum zu ermöglichen. Wird im Winter (Vegetationsruhe) durchgeführt.
Kronentrieb	Einzelne Triebe, welche die Krone eines Baumes bilden.
Langtrieb	Meist einjährige, noch nicht verzweigte Triebe.
Leitäste	Äste, welche die Leitfunktion an der Pflanze übernehmen und das Gerüst bilden.
Mehrjähriger Trieb	Über zwei Jahre alte Zweige.
Nebentrieb	Verzweigungen an Leittrieben.
Okulation	Auch „Augenveredelung"; Art der Pflanzenveredelung, die hauptsächlich bei Rosen und Obstgehölzen angewendet wird. In den Wurzelhals einer Unterlage wird ein Auge der zu veredelnden Pflanze eingesetzt. Wird von Juli–August durchgeführt.
Pflanzschnitt	Vor der Pflanzung von Gehölzen durchzuführender Schnitt zur Herstellung optimaler Anteile an Wurzeln und Trieben.
Pfropfen	Zusammenfügung von Edelreis eines Zier- oder Obstgehölz mit Unterlage, bei der das angeschnittene Reis oft hinter die Rinde der Unterlage geschoben wird; wird Ende April–Anfang Mai durchgeführt.
Pinzieren	Einkürzen eines nicht verholzten Triebes auf 3–4 Augen; wodurch Mehrtriebigkeit erreicht wird.
Rispenblüte	Mit Einzelblüten besetzter, reich verzweigter Blütenstand.
Schlafende Augen	Augen im Ruhezustand; werden oft durch kräftigen Rückschnitt aktiviert.
Seitenholz	Nebentriebe an Hauptzweigen.
Spalierarme	Triebe, die waagerecht oder seitlich weg geleitet und geheftet werden.

Glossar

Unterlage	Wird beim Veredeln von Gehölzen verwendet und besteht aus dem Wurzelsystem einer Pflanze und einem Teil des Stammes.
Vegetationszeit	Bei Gehölzen der Zeitraum zwischen Blattaustrieb und Blattfall.
Vegetative Vermehrung	Ungeschlechtliche Vermehrung durch Stecklinge, Steckholz und Veredelung.
Veredeln	Vermehrung von ausgewählten Pflanzen auf entsprechende Unterlagen.
Verjüngungsschnitt	Entfernung älterer Triebe um das Vergreisen von Pflanzen zu verhindern.
Wechselständig	Augen / Knospen sitzen einzeln im Wechsel an den Trieben.
Wildlinge	Unterlage für Veredelung; siehe auch „Unterlage".
Wildtrieb	Durchgetriebene Unterlage einer Veredelung. W. müssen unbedingt sorgfältig entfernt werden.
Wurzelnackte Pflanze	Pflanzen, die ohne Ballen, Töpfe oder Container angeboten werden.
Zweijähriger Trieb	Zweijährige Hauptzweige mit noch einjährigem Seitenholz.

Gerätekunde

Akkuschere	Zum Formieren von Gehölzen, Schnitt von niedrigen Hecken.
Ambossschere	Die Klinge drückt den Zweig gegen einen Amboss; bei weichem Holz Quetschgefahr!
Astschere	Zum Schneiden von Ästen bis 5 cm Stärke.
Bügelsäge	Zum Entfernen stärkerer Äste ab 5 cm Durchmesser.
Bypassschere	Die Schere hat Klinge und Gegenklinge; gewährleistet sauberen Schnitt.
Formierschere	Zum Bearbeiten von Formgehölzen.
Gartenschere	Für alle gängigen Schneidearbeiten bis max. 2 cm Holzstärke.
Heckenschere	Heckenschnitt allgemein; Sommerschnitt von Nadelgehölzen.
Heckenschere, elektrisch	Für größere Heckenflächen.
Kopulierhippe	Durchführen von Veredelungen; Nacharbeiten von Sägeschnitten.
Okuliermesser	Für die Augenveredelung (Okulation) im Sommer einzusetzen.
Schwertsäge	Für den Einsatz an schwer zugänglichen Stellen gedacht.

Notizen

Notizen über Schnittmaßnahmen und eigene Erfahrungen

Termin	Pflanzenart	Standort

Notizen

Schnittgruppe	Beobachtungen

Notizen

Notizen über Schnittmaßnahmen und eigene Erfahrungen

Termin	Pflanzenart	Standort

Notizen

Schnittgruppe	Beobachtungen

Notizen

Notizen über Schnittmaßnahmen und eigene Erfahrungen

Termin	Pflanzenart	Standort

Notizen

Schnittgruppe	Beobachtungen

Notizen

Notizen über Schnittmaßnahmen und eigene Erfahrungen

Termin	Pflanzenart	Standort

Notizen

Schnittgruppe	Beobachtungen

Notizen

Notizen über Schnittmaßnahmen und eigene Erfahrungen

Termin	Pflanzenart	Standort

Notizen

Schnittgruppe	Beobachtungen

Literaturempfehlung

Es gibt eine Fülle guter und brauchbarer Gartenfachbücher; jedes Jahr kommen neue hinzu und andere verschwinden. Wir haben deshalb davon abgesehen, hier konkrete Titel vorzuschlagen.

Ihr Buchhändler hält stets das aktuelle Angebot bereit und berät Sie gerne.

Ein großes Angebot – zum Teil mit erheblichen Preisvorteilen – finden Sie auch unter www.humanitas-book.de

Außerdem wird folgende, vertiefende Fachlektüre zum Thema „Gehölze" aus dem Quelle & Meyer Verlag empfohlen:

Rita Lüder
Grundkurs Gehölzbestimmung
Eine Praxisanleitung für Anfänger und Fortgeschrittene
2009. 441 S., ca. 1900 farb. Abb., gb.
ISBN 978-3-494-01340-3
Best.-Nr. 494-01340
€ 19,95

Dietrich Böhlmann
Warum Bäume nicht in den Himmel wachsen
Eine Einführung in das Leben unserer Gehölze
2009. 384 S., 352 farb., 141 s/w-Abb., gb.
ISBN 978-3-494-01420-3
Best.-Nr. 494-01420
€ 19,95

Peter A. Schmidt / Ulrich Hecker
Taschenlexikon der Gehölze
2009. 678 S., 734 farb. Abb., gb.
ISBN 978-3-494-01448-7
Best.-Nr. 494-01448
€ 24,95

Fitschen – **Gehölzflora**
mit Knospen- und Früchteschlüssel
Bearb. von Meyer/Hecker/Höster/Schroeder
12., bearb. und erg. Aufl. 2007. 928 S., zahlr. s/w-Zeichn., gb.
ISBN 978-3-494- 01422-7
Best.-Nr. 494-01422
€ 29,80

Ulrich Hecker
Einheimische Laubgehölze – nach Knospen und Zweigen bestimmen
2., erg. Aufl. 2008. 176 S., mit zahlr. farb. Fotos u. Zeichn., kt.
ISBN 978-3-494-01442-5
Best.-Nr. 494-01442
€ 9,95

Bernd Nowak / Bettina Schulz
Taschenlexikon tropischer Nutzpflanzen und ihrer Früchte
2009. 636 S., 489 farb. Abb., gb.
ISBN 978-3-494-01455-5
Best.-Nr. 494-01455
€ 24,95

Ruprecht Düll / Irene Düll
Taschenlexikon der Mittelmeerflora
Ein botanisch-ökologischer Exkursionsbegleiter
2007. 416 S., 400 farb. Abb., gb.
ISBN 978-3-494-01426-5
Best.-Nr. 494-01426
€ 24,95

Preisstand Oktober 2009 – Änderungen vorbehalten

NEU

2009. 441 S., ca. 1.900 farb. Abb., geb.,
ISBN 978-3-494-01340-4
€ 19,95

NEU

2009. 678 S., 734 farb. Abb., geb.,
ISBN 978-3-494-01448-7
€ 24,95

Rita Lüder
Grundkurs Gehölzbestimmung

Ein Buch, mit dessen Hilfe sich das Bestimmen der in Deutschland vorkommenden heimischen sowie häufig kultivierten Gehölze am Beispiel der ca. 250 wichtigsten bzw. verbreitetsten Gehölze einfach erlernen lässt.
Der Bestimmungsschlüssel ist durchgängig farbig bebildert und entspricht der Methodik des FITSCHEN.

Peter A. Schmidt/Ulrich Hecker
Taschenlexikon der Gehölze

Dieses Taschenlexikon beschreibt über 1000 der wichtigsten in Deutschland vorkommenden Gehölzarten, erklärt deren Namen, Herkunft und Lebensraum und informiert über Umwelt- und Standortansprüche sowie Verwendungs- bzw. Nutzungsmöglichkeit.
Eine immer sprudelnde Informationsquelle für alle Gehölzfreunde!

natürlich vom  Quelle & Meyer Verlag · Industriepark 3 · 56291 Wiebelsheim
Tel.: 06766/903-140 · Fax: 06766/903-320 E-Mail: vertrieb@quelle-meyer.de
www.verlagsgemeinschaft.com

1. Aufl. 2008, 296 S., 389 farb.
Abb., zahlreiche Farbfotos, gb.
ISBN: 978-3-89104-718-7
€24,95

Klaus Richarz/Martin Hormann
Nisthilfen für Vögel und andere heimische Tiere

Vögel und andere heimische Tiere benötigen geeignete Nist- und Wohnplätze. Die Autoren dieses Buches, die zu den erfahrensten Praktikern in Deutschland zählen, sagen Ihnen, was konkret gemacht werden sollte. Ausführlich behandelt werden 48 Vogelarten sowie zahlreiche Säugetier-, Insekten-, Reptilien- und Amphibienarten. Durch die klare Gliederung und Fülle an Praxisinformationen – einschließlich 80 detaillierten Bauanleitungen auf der beigefügten CD-ROM – bleibt keine Frage offen.

AULA-Verlag · Industriepark 3 · 56291 Wiebelsheim
E-Mail: vertrieb@aula-verlag.de
www.verlagsgemeinschaft.com

2009. 384 S., 352 farb., 141 s/w-Abb., geb.
ISBN 978-3-494-01420-3
€19,95

Dietrich Böhlmann
Warum Bäume nicht in den Himmel wachsen

Eine Einführung in das Leben unserer Gehölze

Das Buch beschreibt die unterschiedlichen Fortpflanzungsstrategien der Gehölze und zeigt auf, warum die innere Struktur bereits einer einzigen Zelle verantwortlich ist für Wuchshöhe, Ausbreitung und Standfestigkeit. Es öffnet eine bisher verschlossene Tür und lässt Einblicke zu, die gleichermaßen erhellend wie faszinierend sind.

Quelle & Meyer Verlag · Industriepark 3 · 56291 Wiebelshe
E-Mail: vertrieb@quelle-meyer.de
www.verlagsgemeinschaft.cc